DX, CW, D-STAR, WIRES, デジタルモードを楽しもう！

アマチュア無線運用ガイド

★★★★★★★★★★★★ CQ ham radio編集部 [編] ★★★★★★★★★★★★

CQ出版社

アクティブ・ハムライフ・シリーズ

はじめに

　皆さんは，アマチュア無線を始めたばかりころのことを覚えていますか？　初めての交信，初めて隣のエリアと交信できたとき，清水の舞台から飛び降りるような気持ちで出したCQにコールバックがあったときのこと…．震えるような緊張感と交信後の達成感，そしてまた交信したいというワクワクした感覚があったのではないでしょうか．

　しかし，経験を重ねるにつれて交信がごくあたりまえのこととなり，交信の楽しさが薄らいでいくのでしょう．そして，アマチュア無線をお休みしてしまうという流れになる方が多いようで，とても残念に思います．

　アマチュア無線には，もっといろいろな楽しさがあります．本書では，電話モードでの通常の交信に物足りなさを感じてきた方に，さらなるアマチュア無線の楽しさをお伝えします．あのころのワクワク・ドキドキ感を思い出したい方は，ぜひ本書を手に新しいモード／ジャンルにチャレンジしてみてください．きっと，アマチュア無線の楽しさを再認識できることでしょう．

　ここで紹介しているのは，アマチュア無線の楽しさのごく一部に過ぎません．ほかにも多様なジャンルやモードがあるので，夢中で取り組めることがきっと見つかります．

　一生の趣味として，アマチュア無線をお楽しみください．

CQ ham radio 編集部

アマチュア無線の世界をさらに広げたいあなたへ
アマチュア無線運用ガイド
Contents

6　Chapter 01　DX 初心者に贈る　HF 帯海外交信ガイド

6	1-1	はじめに　HF 帯で海外局と交信する楽しさ
7	1-2	海外交信を楽しむためのアンテナ選び
9	1-3	HF 帯の無線機選び
10	1-4	知っておきたい電波伝搬の基本
18	1-5	知っておきたいルールと豆知識
19	1-6	バンド別　電波伝搬の特徴とバンド内の運用状況
29	1-7	交信スタイル集
34	1-8	運用情報を得る　DX クラスターの話など
37	1-9	QSL カードの交換
42	1-10	一度は行ってみたい　DX バケーション
44	1-11	HF 帯の奥深さを実感してください
7	Column 01	○○ m バンドと○○ MHz 帯
27	Column 02	HF ローバンドと HF ハイバンドの境
39	Column 03	QSL マネージャー泣かせの封筒とは
45	Column 04	フォネティック・コードの発音

46　Chapter 02　「・」と「―」でコミュニケーション
　　　　　　　　　アマチュア無線の世界が広がるモールス通信

46	2-1	モールス通信を始めるにあたって
47	2-2	モールス通信の魅力
49	2-3	モールス通信を楽しむために必要なもの
53	2-4	モールス符号の覚え方 / 練習方法
57	2-5	モールス符号と Q 符号，略語，RST レポート
60	2-6	まず聞いてみよう　CW モードで運用が行われている周波数

61	2-7	はじめての交信
62	2-8	シチュエーション別交信例
65	2-9	交信時に押さえておきたいポイント
67	2-10	モールス通信を楽しみましょう
53	Column 05	パドルは左右どちらの手で操作するのがいいか

68　Chapter 03　ハンディ機で日本中とつながる D-STAR で交信しよう！

68	3-1	D-STAR のしくみ
71	3-2	D-STAR レピータ・システム
72	3-3	D-STAR に使われる用語
73	3-4	D-STAR で電波を出すための準備
78	3-5	交信してみましょう
83	3-6	D-STAR 運用を楽しむためのコツと注意点
84	3-7	いろいろな D-STAR を体験して楽しみましょう
77	Column 06	郵送で JARL 管理サーバに登録する方法
77	Column 07	無線機の MY に自局のコールサインを設定する
84	Column 08	D-STAR の交信での QSL カードの書き方
85	Column 09	国内各地にある DV モード D-STAR レピータ 一覧

88　Chapter 04　インターネットを利用して V/UHF 帯で遠距離と交信しよう はじめての WIRES 運用

88	4-1	WIRES とは
89	4-2	ノード局を探す
92	4-3	WIRES で交信しよう
98	4-4	よくある質問
99	4-5	WIRES を楽しみましょう
94	Column 10	トーンスケルチについて
99	Column 11	近くにノード局がなかったら自分で開設できる

100	Chapter 05	PCと無線機を接続する デジタルモード用インターフェース

100	5-1	インターフェースの基本
100	5-2	インターフェースの入出力接続例
103	5-3	市販されているインターフェースの接続手順
109	5-4	デジタルモードの交信を楽しみましょう

110	Chapter 06	文字を使って交信するデジタルモード 「RTTY」の運用

110	6-1	RTTYとは
110	6-2	「MMTTY」のインストールと起動
111	6-3	「MMTTY」のメインウィンドウの説明と基本設定
118	6-4	「MMTTY」で「RTTY」を運用する際の操作
122	6-5	「RTTY」における交信例
123	6-6	「RTTY」の「FSK」と「AFSK」の違いについて
124	6-7	USB接続インターフェースにおけるFSK
125	6-8	RTTYの運用に挑戦してみてください

126	Chapter 07	小規模な設備でも遠距離交信が楽しめる 「PSK31」の運用

126	7-1	PSK31とは
127	7-2	「MMVARI」のインストールと起動
128	7-3	「MMVARI」のメインウィンドウの説明と基本設定
136	7-4	「MMVARI」の操作
140	7-5	「PSK31」における交信例
142	7-6	「PSK31」に挑戦してみましょう

Chapter 01

DX初心者に贈る HF帯海外交信ガイド

外国の局と交信してみたいけど「英語がわからない」「ちょっと怖い」「どうやって交信したらいいかわからない」「大きな設備がないと交信できないんじゃ…」と二の足を踏んでいるあなたに，海外交信の楽しさを紹介します．

海外交信自体はそんなに難しいものではありません．この章を参考に，世界への扉を開いてみてください．

 ## 1-1　はじめに　HF帯で海外局と交信する楽しさ

「海外の人とお話したいのなら，いまどきインターネットでいくらでもチャットできるでしょ！」って声が聞こえてきそうです．コミュニケーションすることが目的のすべてであったり，確実性や手軽さが最優先されるなら，インターネットの活用をお勧めします．

でも，もしあなたが，コミュニケーションに至るまでのプロセスも楽しみたいのであれば，HF帯での海外局との交信はその希望にきっと応えてくれることでしょう．

HF帯での通信は，基本的に電離層を使用して行われるため，季節や時間，太陽活動の影響を大きく受けます．「○月ごろの何時ごろなら，××地域と交信できそうな周波数はこのあたり…」とおおよその目安はありますが，自然現象が相手のため，状況は不安定でダイナミックに変化します．刻々と変わるコンディションを把握しながら，時にはノイズの彼方に埋もれそうになるシグナルを祈るような気持ちで聞き，何とか交信が成立したときの達成感は印象深いものです．

ちょっと珍しい国や地域とはみんなが交信したいので，たくさんの局が群がりパイルアップが巻き起こります．競争相手もワールドワイドですから大変です．いかにピックアップしてもらうかというオペレーション・テクニックを磨いたり，アンテナのグレードアップを検討したり…．日々闘志を燃やしながらスリリングでエキサイティングな交信が楽しめるのも魅力です．

でも私は「自分の家のアンテナから飛び出した電波が，行ったこともない遠くの国まで届き，偶然の出会いでその国に住む同じ趣味のハムと交信している」ということ自体が，純粋に心がワクワクする一番好きな瞬間です．

皆さんもDX交信の世界に踏み出して，この高揚感を味わってみませんか？

1-2 海外交信を楽しむためのアンテナ選び

　HF帯の海外DX交信だからといって，特別なものは特にありません．ほかのバンドと同じように，そのバンドに出られるリグとアンテナが必要なことに変わりはないからです．ただ，HF帯のアンテナは，V/UHF帯のアンテナと比べるとサイズは大きく（**写真1-1**），どこにアンテナを設置するかは，誰もが最初に当たる大きな壁となっているようです．

　最初から本格的なアンテナを用意しようとなると大変ですが，まずは自分に許されたスペースの範囲で，コンパクトなアンテナを用意して第一歩を踏み出すことをお勧めします．たとえば釣り竿に電線をはわせてベランダから突き出し，オート・アンテナ・チューナー（ATU）の力を借りてマッチングを取れば，立派なHFマルチバンド・アンテナのできあがりです（**写真1-2**）．ダイポール・アンテナなら，バランと電線があれば簡単にアンテナが自作できて，コストも数千円で済みます．

　これらの簡単な設備であちこちのHFバンドを

写真1-1　HF帯アンテナの例

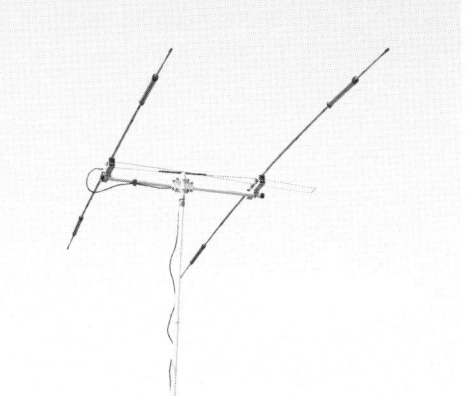

Column 01　○○mバンドと○○MHz帯

　各アマチュアバンドを表現するときに，波長で表す「○○mバンド（○○メーター・バンド）」と周波数で表す「○○MHz帯」の二つが使われます．CQ ham radio誌やいろいろなWebサイトでも両方の表記が見られますが，本章では「○○mバンド」で表記を統一します．

波長での表記	周波数での表記	波長での表記	周波数での表記
160 mバンド	1.8/1.9 MHz帯	17 mバンド	18 MHz帯
80 mバンド	3.5 MHz帯	15 mバンド	21 MHz帯
75 mバンド	3.8 MHz帯	12 mバンド	24 MHz帯
40 mバンド	7 MHz帯	10 mバンド	28 MHz帯
30 mバンド	10 MHz帯	6 mバンド	50 MHz帯
20 mバンド	14 MHz帯		

体験してみて，自分のお気に入りバンドや運用スタイルを見つけてから，アンテナのグレードアップを検討してみると，より現実的なプランが立てられるでしょう．アンテナ・メーカー各社からは，さまざまな製品が発売されているので，どれを選べばいいか迷ってしまいます．しかし，楽しみたいことが明確になっていれば，自分にぴったりのアンテナを見つけやすいものです．

HF帯は，バンドによって特性が大きく異なります．さらに同じバンドでも，季節や時間帯によって電波の飛び具合・聞こえ方が大きく変化します．そのため，生活スタイルとバンドの相性も頭の片隅に入れておくとよいかもしれません．

写真1-2 ATU＋釣り竿アンテナの例

表1-1 バンド別に見るアンテナの特徴

バンド	アンテナ
160m（1.8MHz）	波長が長いため，特殊なアンテナを除きかなり大型化する．市販のアンテナも選択肢が少なく，各自が工夫凝らした自作アンテナを使用しているケースが多い．スローパー・アンテナなどのタワー・ドライブ型アンテナや，アンテナ・チューナーを使用したロング・ワイヤ・アンテナなどが多い．このバンドに情熱を注ぐOM諸氏は，送信アンテナと受信アンテナを別々に用意しているケースも見られる．
80m（3.5MHz） 75m（3.8MHz）	ダイポール・アンテナやバーチカル・アンテナが比較的多く使われている．一部スローパー・アンテナも見られる．アンテナ・サイズを小さくするため，短縮率を上げると共振する周波数帯域幅が狭くなるが，給電部にマッチング・ボックスを装備して，手元のコントローラで周波数を調整できるデラックス・タイプも存在する．
40m（7MHz）	ダイポール・アンテナやバーチカル・アンテナが比較的よく使用されている．このバンドに情熱を注ぐOM諸氏には，八木アンテナなどの大型のビーム・アンテナを使用しているケースも見られる．
30m（10MHz）	ロータリー・ダイポールや，ほかのWARCバンドと組み合わせた，マルチバンドのビーム・アンテナを使用しているケースがよく見られる．アンテナ・メーカーからのラインナップは若干少なめか．
20m（14MHz）	本格的にDXハンティングを楽しんでいるOM諸氏は，八木アンテナを使用するケースが一般的．コンディション次第では，ダイポール・アンテナなどでも十分楽しめるバンド．
17m（18MHz）	ロータリー・ダイポールや，ほかのバンドと組み合わせたマルチバンドのビーム・アンテナを使用しているケースがよく見られる．このバンドの人気が上昇するにつれ，使用されるアンテナの大型化も進みつつあるとか？！
15m（21MHz）	HF帯では比較的波長が短いこともあり，ビーム・アンテナを使用しているケースが多い．コンディション次第では，コンパクトなダイポール・アンテナやバーチカル・アンテナ，釣り竿アンテナなどでも十分楽しめるバンド．
12m（24MHz）	ロータリー・ダイポールや，ほかのバンドと組み合わせた，マルチバンドのビーム・アンテナを使用しているケースがよく見られる．ほかのバンドのアンテナにアンテナ・チューナを使って，簡易的にQRVしているケースもときどき耳にする．
10m（28MHz）	HF帯では一番波長が短く，アンテナもコンパクトに収まることもあり，多エレメント・ビーム・アンテナを使用しているケースが多い．コンディション次第では，コンパクトなダイポール・アンテナやバーチカル・アンテナ，釣り竿アンテナなどでも十分楽しめるバンド．

例えば 15 m バンドは，基本的に日中が海外 DX 局との交信に適した時間帯です．休日は家族サービスに忙しいので，無線は平日の仕事を終えて夜帰宅してから…と，いざワッチを初めてもノイズしか聞こえない日々ではつまらないでしょう．そこで，17 m バンドや 20 m バンドなど，複数のバンドに出られる環境を考えておくのも，HF 帯の海外 DX 交信をより一層楽しめるアイデアの一つです．

表 1-1 に，各 HF 帯ハムバンドでよく使われているアンテナの一例を示します．アンテナ選びの参考にしてみてください．

1-3　HF 帯の無線機選び

エントリー・モデルから超高級グレード機まで，無線機メーカーからいろいろなタイプの無線機が発売されています．どれを選んだらよいか迷ってしまうあなたに，筆者の考えるリグ選びの視点を少しだけ紹介しましょう．

① 固定向け大型機かモービルにも積める小型機か

厳しい使用条件であったり，混信妨害除去性能であったり，かゆいところに手の届くオプション機能なら，固定向けの大型機のほうが充実しているでしょう．しかし，コンパクトな小型機にはそれなりの良さがあります．簡単に持ち運べて，移動運用にも持って行けたり，机の場所を広く占有しないので，物が散乱しがちなシャックがコンパクトにまとめられたり，というメリットも感じています（**写真 1-3**）．

送受信の性能については，それに見合うだけの大型アンテナや，外来雑音の少ない環境などを備えた方，いわゆる「ちがいのわかる腕と耳を持った OM」でなければ，さほど実用上の見劣りする感じはしないのではないかと思っています．それぞれの特徴を理解したうえで使っていれば，さほど不便を感じることはないかなというのが，筆者の感想です．

② やっぱり最新機種でないとだめなのか?!

運用面についての筆者の感想としては，SSB や CW の運用が中心なら，1990 年代以降の機

写真 1-3　各メーカーの HF 帯用無線機．左上 FT DX3000（本格固定機，八重洲無線），左下 IC-7600（本格固定機，アイコム），TS-480（コンパクト機，ケンウッド）

種であれば，さほど不便を感じることはないように思います．

しかし，PSK31などのデジタルモードを運用したいとなれば，やはり2003年ごろより以降の，デジタルモードを考慮したリグを使いたいところです．その違いは，デジタルモードで狭帯域の受信フィルタの選択ができるかできないかの差があったり，PCとの接続や信号ラインについて，無線機とのインターフェースが，デジタルモードを考慮されているかの違いとして現れます．その結果として，デジタルモードを運用する際の使い勝手は，やはり近年のリグが勝っていると感じます．

1-4　知っておきたい電波伝搬の基本

HF帯のDX交信を楽しむためには，電波の伝わり方を知っておく必要があります．HF帯の通信は電離層を抜きにしては語れないのですが，いまだにはっきりと仕組みがわかっていない部分も残っており，この分野の奥深さを感じます．

ここでは，ビギナーがうまく電離層と付き合って，交信が楽しめることを目的にします．あまり学術的な厳密性にこだわって話が難しくならないように，説明は最小限にとどめて，実用的なトピックスを紹介します．

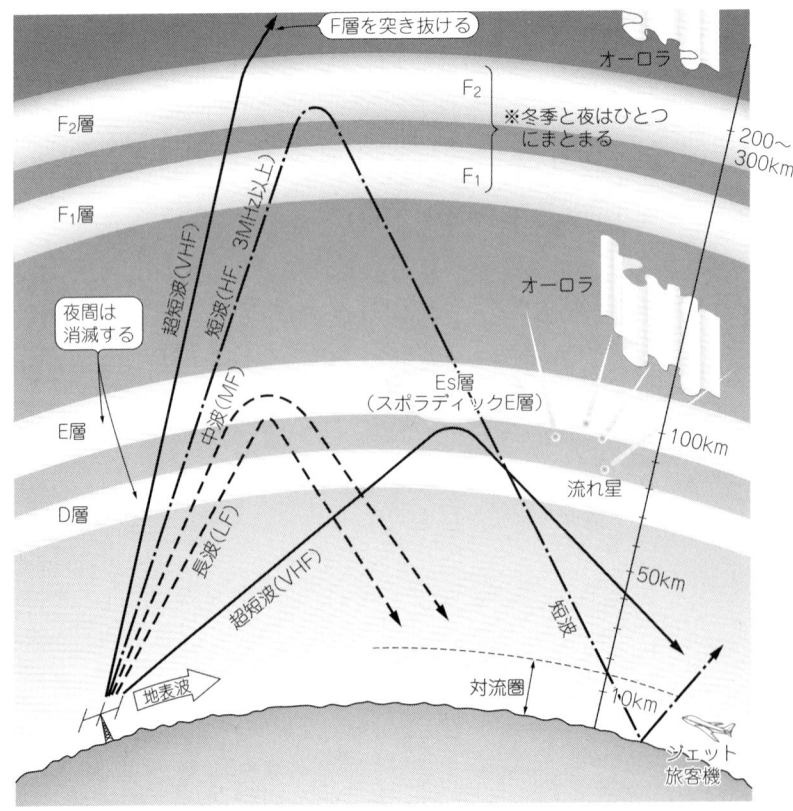

図1-1
電離層の高さのイメージ

Chapter 01　DX 初心者に贈る HF 帯海外交信ガイド

● 時間帯によって電波の飛び方・聞こえ方が変わる

電離層は，太陽からの紫外線やX線の影響を受けて変化します．そのため，昼間と夜では電離層の高さと構成が変わります．基本的に，昼間の電離層は地表に近いところから，D層，E層，F_1層，F_2層と構成されています（**図1-1**）．太陽が沈む夜にはD層は消滅し，E層は密度が薄く弱まり時には消滅してしまいます．F_1層とF_2層は一つにまとまってしまい，結果としてE層とF層の二つとなります．また冬季は，F_1層が発生しなくなります．

HF帯通信で活躍するのは，F層反射です．基本的に昼間はF_2層，夜はF層で電波が反射され，遠方との通信を可能としています．

一方，HF帯の電波がD層とE層を通過するときは，電波が電離層に吸収されて減衰します．この傾向は周波数が低いほど顕著となります．F層（F_2層）の反射と途中の経路にあるD層とE層の減衰の組み合わせが，時間帯によって電波の飛び方や聞こえ方が変わる原因です．

● HF ローバンドは冬の夜間帯が DX 交信のベストタイム

D層とE層が存在している昼間，80m以下のバンドでは，減衰量が大きいので，かなりの大電力を使用しないと通信には使用できません．40mバンドでは，D層やE層に対して小さい入射角（垂直に近い）であれば，それぞれの層を通過する距離が短くなり，減衰量を減らすことができるので通信が可能です．ただし，F_2層にも小さい入射角で進入するので，反射されて地表に戻ってくるのも近い場所となり，跳躍距離が伸びません．つまり，遠くのDX局とは交信ができないのです．

夜間になれば，D層が消滅しE層も弱まります．さらにF_1層もなくなるため，各層への電波の入射角を大きくしても，電波の減衰が少なく，結果として長距離の通信が可能となります（**図1-2**）．冬季もF_1層が発生しないため，電離層を通過するときに減衰量の大きいHFローバンドには有利に働きます．

● HF ハイバンドは春から秋の昼間帯が DX 交信の狙い目

周波数が高いほど，電離層を通過する際の電波の減衰量が小さくなりますが，高くなり過ぎてしまうと肝心のF_2層やF層も反射できずに突き抜けてしまいます．また，電離層に対して大きい入射角で電波が進入して反射されれば，遠方まで届くことになりますが，電離層を通過する距離が長くなるので，減衰量も多くなってしまいます．つ

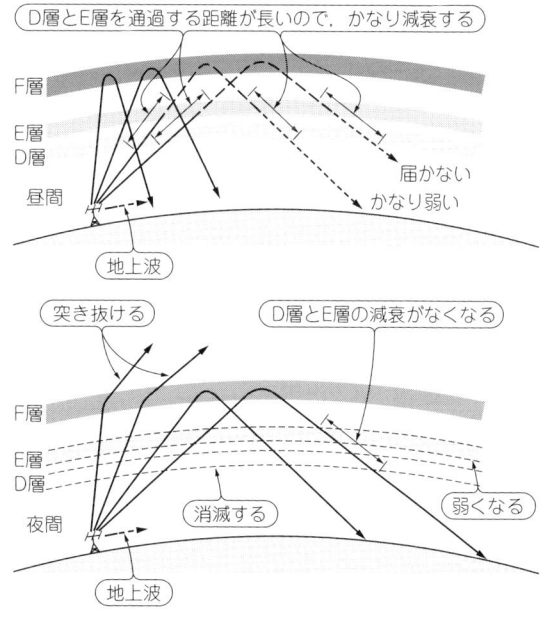

図1-2　HFローバンド（40mバンド）の伝搬の例

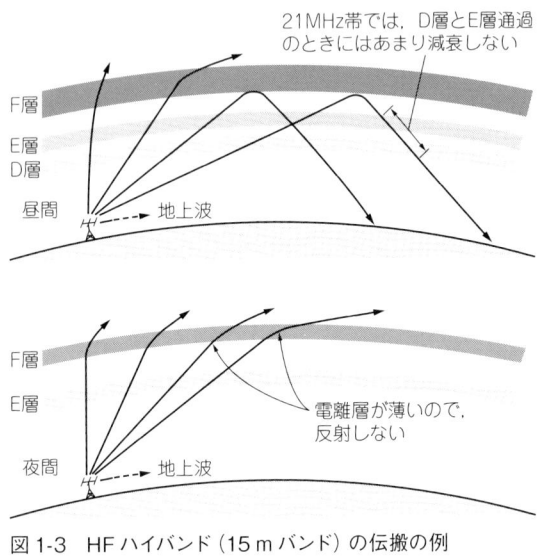

図1-3　HFハイバンド（15mバンド）の伝搬の例

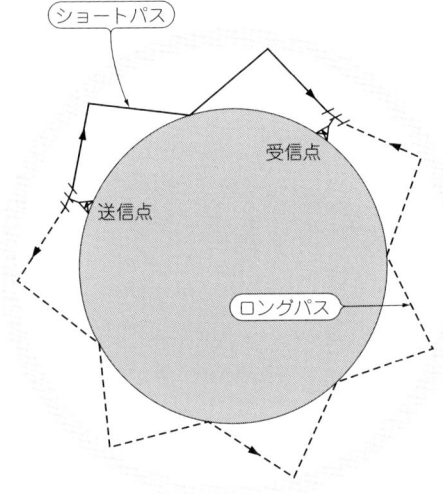

図1-4　最短距離を通るショートパスと地球の裏側を通ってくるロングパス

まり周波数と電離層への入射角のバランスがポイントとなります．20mバンドより高い周波数では，電離層に対して大きい入射角で電波を進入させても，D層やE層を通過する際の減衰量が小さく，結果として遠方との通信が可能となります．

逆に電離層への入射角が小さ過ぎると，F層（F_2層）までも突き抜けてしまいます．15mバンドあたりの周波数ともなれば，夜間のF層も反射できずに突き抜けてしまい，結果として遠方との通信には使えなくなってしまいます（**図1-3**）．冬季はF層の密度が薄く，あまり芳しくありません．

● 地球を遠回りするロングパス

日本から海外のある地点に電波が到達する場合，通常は2点間を結ぶ最短コース（大圏コース）で電波が強く伝わります．しかし，電離層の状態によっては，逆向きの遠回りコース（地球の裏を通るコース）のほうが電波の強いことがあります．このような遠回りルートの伝搬をロングパスと呼んでいます．一方，通常の最短コースはショートパスと呼ばれます（**図1-4**）．

ロングパスのコンディションが良いとき，もしビーム・アンテナを使用しているなら，CQの際に「Beaming Long Pass」のフレーズをつけて，ロングパスでワッチしていることを知らせるのがよいでしょう．

またコンディションによっては，ショートパスとロングパス両方が聞こえることもあります．このときはエコーを伴って聞こえ，自然の神秘を感じるのですが，CWではとても聞きにくくなってしまいます．こちらもビーム・アンテナが使用できるなら，うまく指向性を使って，どちらかのパスを弱くなるようにすると聞きやすくできるでしょう．

● グレーライン伝搬

この伝搬は，基本的にHFローバンドで活用されます．グレーラインの名前は，日の出前後や日没前後の薄明かり（グレー）の時間帯に発生する

Chapter 01　DX 初心者に贈る HF 帯海外交信ガイド

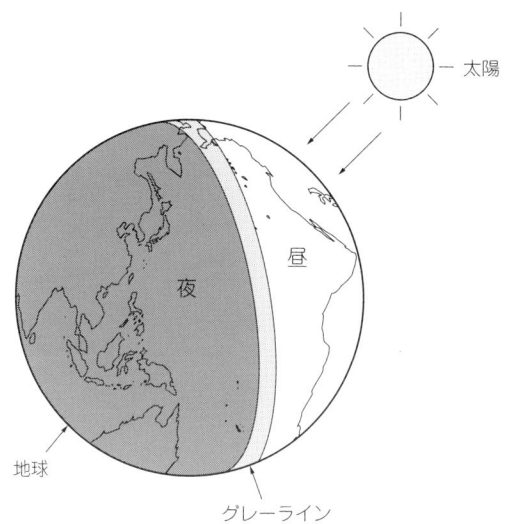

図 1-5　グレーラインのイメージ
日没時および日の出の時間付近がこれにあたる

ことに由来します．この時間帯に位置する帯状の地域を，グレーラインと呼んでいます（**図 1-5**）．

この時間帯は，電離層も昼型と夜型の移り変わりのタイミングにあたります．HF ローバンドの電波を吸収する D 層と E 層が弱まり，電波を反射する F_2 層の高度が夜間帯よりも高い位置に存在しているので，電離層で反射された電波の跳躍距離が稼げます．

グレーラインは南北方向に発生するので，南北方向の HF ローバンド DX 交信で，グレーラインを活用した伝搬が有効でしょう．

● **異常伝搬　Es 伝搬と F_2 層スキャッタ伝搬**

異常伝搬が発生すると，通常の伝搬とは異なった電波の飛び方を体験できます．VHF 帯，特に 6 m バンドでは，DX ハンティングを楽しむ際の上級者テクニックとして，異常伝搬が積極的に活用されます．

ここでは代表的な異常伝搬を二つ，スポラディック E 層（Es 層）による伝搬と，F_2 層スキャッタ（散乱）伝搬を取り上げます．

HF 帯では，Es 伝搬は主に 15 m バンド以上の HF ハイバンドで，F_2 層スキャッタは，主に 20 m バンド以上の HF ハイバンドで実感することができます．Es 層が発生すると，国内向け通信に便利に活用される一方で，遠方の海外 DX 局との通信には，支障となる側面も持ち合わせています．

Es 伝搬

E 層とほぼ同じ高さに，スポット的に電子密度の濃い雲状の層（Es 層）が現れます．この電離層は，通常なら突き抜けてしまうような VHF 帯まで反射してくれるのです．

春から秋口までの昼間帯に比較的発生しやすいのですが，その発生は不規則で，伝搬の移り変わりの変化も比較的速いことが多いでしょう．夏場は午前中の 10 時ごろから正午にかけて，午後は夕方に発生しやすい傾向が見られます．頻度は少ないですが，冬場の夕方にも発生することもあります．

HF 帯の通信で活躍する F_2 層や F 層と比べ，Es 層は発生する高度が低く，反射して到達する電波の跳躍距離も短くなります．特殊な事例を除き，国内の見通し外遠方通信や，HF 帯ではスキップ・ゾーンとなるような近距離通信など，約 300 ～ 2000 km 程度の通信に活用されるケースが多く見られます（**図 1-6**）．

HF 帯通信の視点で Es 伝搬を見てみると，Es 反射自体は HF ローバンドでも論理的には起こりますが，昼間帯のため D 層による吸収が大きいことと，昼間帯の通常の伝搬範囲とあまり変わらないこともあり，実感することまずありません．

HF ハイバンド（特に 15 m バンド以上）のよ

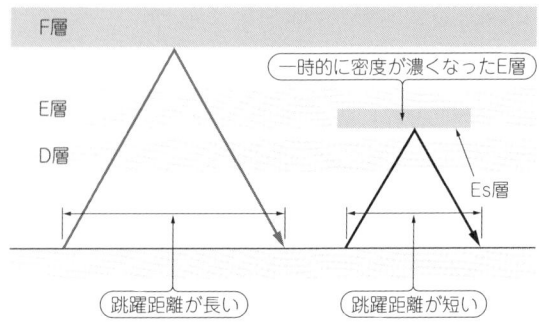

図1-6 Es層のイメージ

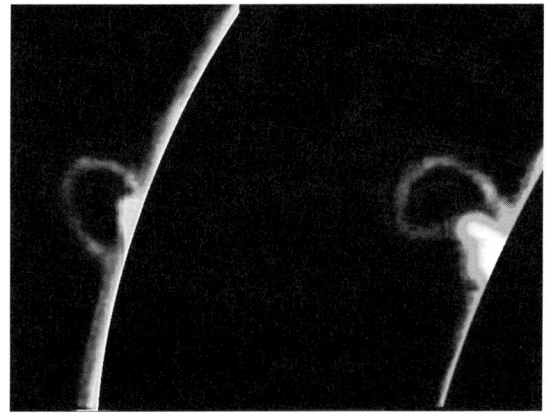

写真1-4 太陽フレアが発生したところ
撮影：Brocken Inaglory（Wikipediaより）

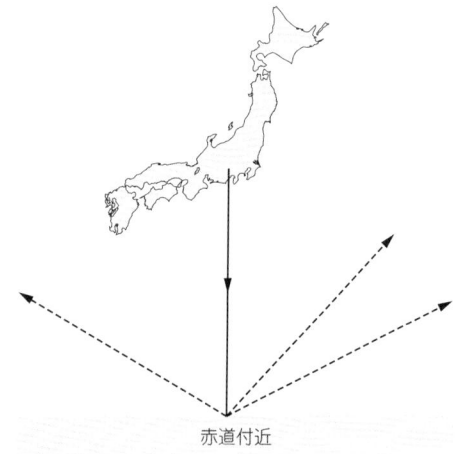

図1-7 赤道付近に発生するF_2スキャッタのイメージ

うな高い周波数となってくると，事情が変わってきます．普段スキップして交信しづらい距離300〜1000kmあたりの局の信号が，驚くほど強力に入感し，容易に交信できる面白い現象を体感できるでしょう．

しかし，近距離通信に向いた電波伝搬は，言い換えれば遠距離通信には不向きです．Esが発生しているときは，普段スキップする国内通信を楽しんだり，日本近隣の中国・韓国，東南アジア諸国などとの交信を楽しむのがよいかもしれません．ただごくまれに，複数のEs層を使って多重反射で遠距離通信ができたケースも報告されています．

F_2層スキャッタ伝搬

スキャッタ伝搬（散乱波）もいろいろなものがありますが，赤道付近でよく発生するF_2層でのスキャッタ伝搬を取り上げます．

この伝搬は，HFハイバンドが中心となり，太陽活動の状況にも影響を受けます．赤道地帯でのF_2層が強力なときに発生し，通常の伝搬では相手局と最短方向（大圏コース）となる方向にアンテナを向けますが，赤道地帯での強力なF_2層を利用するため，ビーム・アンテナを南方向に向け，広範囲での通信を狙います（**図1-7**）．ただし，信号自体は弱いので，スキャッタ伝搬を体感するには，ある程度の電力とビーム・アンテナが必要となります．

● **磁気嵐が発生するとHF帯通信はできなくなる**

HF帯では，宇宙規模での自然現象を利用した電離層伝搬で通信が行われています．そのため，電離層の生成に大きな影響を与える太陽活動の状況（**写真1-4**）によっては，大きく電離層が乱されて通信ができなくなる現象が発生します．

Chapter 01　DX初心者に贈る HF帯海外交信ガイド

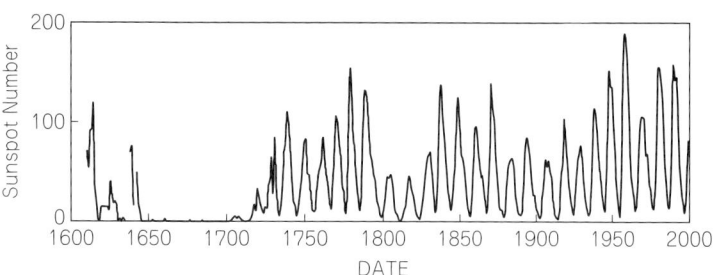

図1-8
1610年～2000年までのサイクルごとの黒点数の推移
黒点の数をウォルフ黒点相対数の値で集計

　ここでは，代表的なものとして，デリンジャー現象と磁気嵐を取り上げます．

デリンジャー現象

　太陽表面でフレアが発生すると，その際にX線や紫外線，プラズマ粒子などが放射されます．フレア発生後約8分半後に，まずX線や紫外線が地球に到達し，電離層のD層に影響を与えます．D層の電子密度が濃くなり，電波がD層を通過する際の減衰量が大きくなり，通信ができなくなってしまう現象を，発見者（ジョン・ハワード・デリンジャー氏）の名前にちなんでデリンジャー現象と呼びます．この現象は昼間帯に発生し，発生後，数十分から数時間程度影響が続きます．

磁気嵐（電離層嵐）

　X線や紫外線に遅れること20～40時間後に，今度はプラズマ粒子が地球に到着します．プラズマ粒子が地球の地磁気を乱し・減少させる影響で，電離層も平時の状態から大きく乱れることとなります．電波の反射に活躍するF_2層の電子密度が薄くなり，またD層の電子密度が濃くなり，電波がD層を通過する際の減衰量が大きくなるために，電離層伝搬が使えなくなってしまう現象が発生します．この現象を磁気嵐と呼んだり電離層嵐と呼びます．この現象は数日間継続し不安定な状況となります．

● 太陽活動が活発となる周期

　HF DX交信を楽しむ方には，とても注目されるテーマです．同じくオーロラ観測を趣味にしている天文ファンにも，このテーマは注目されています．

　太陽活動は諸説ありますが，わかりやすいものとしておおよそ11年周期で停滞期と活動期が繰り返されています．太陽の黒点数をグラフにプロットしていくと，周期的に山と谷が繰り返されるのがわかります．黒点数のピークを極大，谷の底を極小と呼び，谷の底から次の底までを1サイクルと呼びます．1762年に極大となったサイクルを1として順に数えると，2013年がそのサイクルの24回目の期間となります（**図1-8**）．

　太陽活動が活発となると，電離層の電子密度が高くなり，HF帯でもより高い周波数まで，F_2層が反射してくれるようになります．そのため，HFハイバンドでは，比較的小さな電力でも，電波は遠くまで飛んでくれるようになり，DX交信には適したコンディションとなります．太陽活動が比較的活発なときに，HFハイバンドを楽しんでおきましょう．

　しかし，サイクルの終盤には，太陽に黒点が現れない日もあり，HFハイバンドのコンディションは，DX局は鳴かず飛ばずでまったく寂しくな

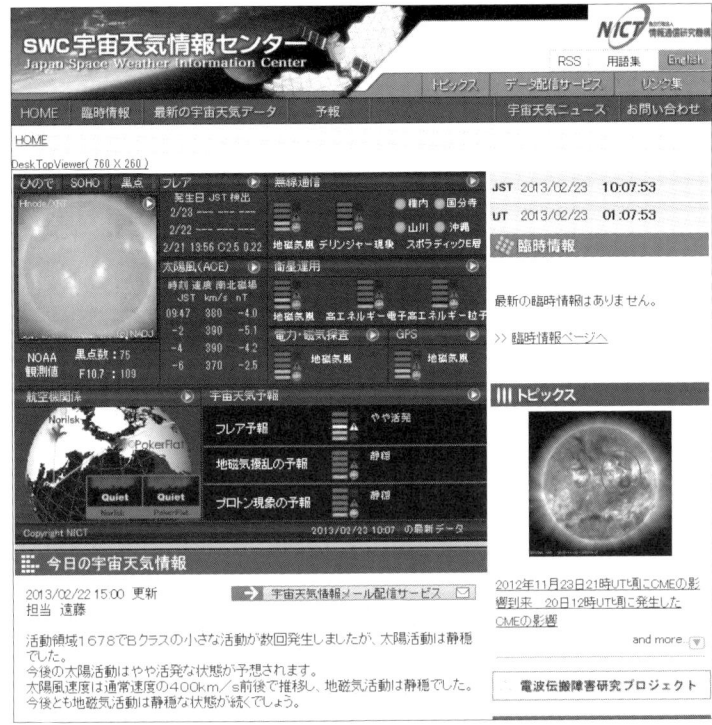

図 1-9
SWC 宇宙天気情報センター

ります．この時期は HF ローバンドを楽しむ方が増えてきます．

● 伝搬の予想を得るには

電波伝搬の予測はインターネットや雑誌から得られるので，その一部を紹介します．

SWC 宇宙天気情報センター

http://swc.nict.go.jp/contents/index.php

宇宙にも天気予報があるのです!! 太陽黒点やデリンジャー現象，磁気嵐，Es 層の情報が得られます（図 1-9）．

DX QSL.net の propagation 情報

http://dx.qsl.net/propagation

こちらも老舗です．グレーライン・マップが便利です．

HF Propagation and Solar-Terrestrial Data Website

http://www.hamqsl.com/solar.html#addwebsite

N0NBH によるおなじみの Web サイト．バナーやウィジェットも提供してくれます．

CQ ham radio の Condition Forcast のページ

リアルタイムではないものの，毎月地域ごとの入感状況をグラフで示しています（図 1-10）．世界的な電波伝搬状況が把握できる IBP ビーコンの説明（図 1-11）も記載されていて便利です．

● SFI と K 値（K index）

宇宙天気情報には，いろいろな指標が表示されていてよくわからないという方に，細かい学術的な解説は抜きにして HF 帯 DX 通信に役立つところだけ紹介しましょう．興味を持ったなら，ぜ

Chapter 01　DX 初心者に贈る HF 帯海外交信ガイド

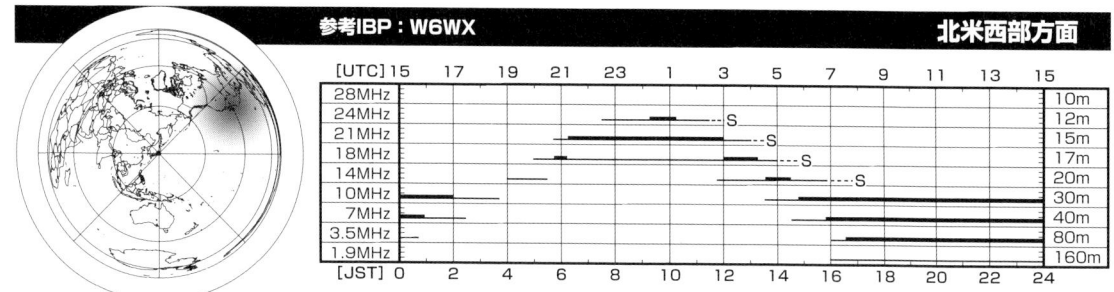

図 1-10　CQ ham radio 誌の Condition Forcast のページにある電波伝搬予測
地域別に周波数と時間ごとの入感予測がわかる（CQ ham radio 2013 年 3 月号より）

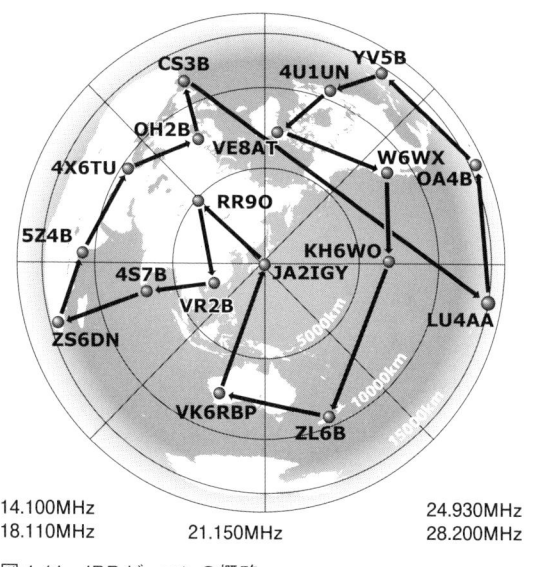

14.100MHz　　　　　　　　　　24.930MHz
18.110MHz　　21.150MHz　　28.200MHz

図 1-11　IBP ビーコンの概略

IBPビーコン局の送信方法

　IBPビーコン局は1回の送信を7秒間行います．最初の3秒間でコールサインをモールス符号で送信します．残りの4秒間は，1秒ごとに送信出力を100W→10W→1W→0.1Wと変えながらキャリアを送信します．その後3秒間は送信を停止し，次のビーコン局に移ります．

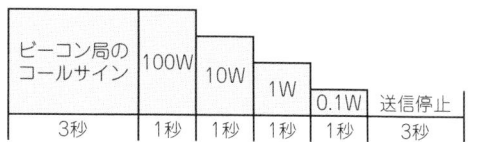

ひ専門書などで解説をご覧ください．

SFI（Solar Flux Index）

　この指標は太陽黒点数と相関関係があります．SFIは太陽からの 2.8 GHz（つまり波長 10.7 cm）の太陽電波の強度を示す指標です．数値が大きいほど太陽活動が活発であることを示します．NICT の Web サイトでは F10.7 と表記しています．SFI が 140 あたりまで上昇してくれば，HF 帯の DXing に適した良いコンディションが期待できます．

K 値（K Index）

　この指標は，磁気嵐などの磁気の乱れ具合の指標です．K 値は小さいほうが，地磁気の乱れが少ないことを示します．K 値が 3 までなら問題ありませんが，4 以上の場合は，電離層の乱れが生じる可能性があるので，HF 帯の DXing に適さないコンディションです．NICT の Web サイトでは，「地磁気嵐情報」と「デリンジャー現象情報」がバー・グラフで表示されているので，こちらのほうがわかりやすいかもしれません．

1-5 知っておきたいルールと豆知識

ハムの世界にも,慣習や暗黙のルールは存在します.DX交信を行ううえで知っておいたほうがよいルールや豆知識をいくつか紹介しましょう.

● 40 m バンド以下のバンドは LSB,20 m バンド以上のバンドは USB を使用する

なぜそのようになったのか諸説あるようですが,はっきりしたことは不明のようです.ちなみにSSBモードを使用する漁業無線や航空管制などの業務用無線局は,周波数に関わらず,基本的にUSBが使用されています.

● DX ウィンドウ

DX交信によく使用される周波数の範囲のことです.DX局を探すには,まずDXウィンドウをワッチしてみると見つかる可能性が高くなります.以前はDXウィンドウの中に,さらにDX局との待ち合わせスポット的に,周波数がいくつか存在しましたが,DXクラスターが発達した今日では,以前ほど明確な存在ではなくなったようです(**表1-2**).

● DX ペディション局が目安とする周波数

慣習的にDXペディションなどで使用されることが多い周波数(**表1-2**)はいくつか存在します.通常の交信では,これらの周波数の周辺はできるだけ使用を避けたほうが無難でしょう.思いがけず珍局が出現すると,QSYを余儀なくされたり,パイルアップに巻き込まれたりする恐れがあります.

● 国内交信と DX 交信の棲み分け

HFハイバンドでは,国内交信とDX交信の棲み分けの傾向は,おおよそ次のような慣習が見られます.

CWにおいては,下端のバンドエッジから数kHz～10数kHzにDX交信がアクティブにQRVしています.それよりも周波数が高い周波数で国内交信がアクティブにQRVしています.一方のSSBでは,SSBで運用できる周波数の中心付近でDX局がアクティブにQRVしています.その両側を国内交信がアクティブにQRVしています.

表 1-2 DX ウィンドウと DX ペディションに使われる周波数

バンド	DX ウィンドウ		DX ペディション	
	CW	SSB	CW	SSB
80 m	3500～3515	—	3503/3505/3508	—
75 m	—	3795～3805	—	3793/3795/3798
40 m	7000～7015	7050～7090	7003/7008	7060/7080
30 m	10100～10125	—	10103/10108	—
20 m	14000～14040	14150～14220/14250～14270	14020/14025/14040	14195/14200/14260
17 m	18068～18090	18130～18168	18068/18073	18145/18150
15 m	21000～21040	21250～21330	21020/21025/21040	21260/21290/21295
12 m	24890～24910	24940～24960	24895	24945
10 m	28000～28040	28400～28550	28020～28025	28490/28495

[単位:kHz]

参考:CQ ham radio 2013年1月号別冊付録 ハム手帳

Chapter 01　DX 初心者に贈る HF 帯海外交信ガイド

1-6　バンド別　電波伝搬の特徴とバンド内の運用状況

アマチュアバンドは，各国ごとに許可されている周波数やモードが微妙に異なっているので，交信したい DX ターゲットに合わせた運用スタイルが必要です．この項では，HF 帯ハムバンドの 160 m バンドから 10 m バンドについて，DXing の視点でバンドごとの特徴や周波数の使われ方などを紹介しましょう．

● 160 m バンド（1.8/1.9 MHz 帯）

各国の周波数割り当て状況が，大きく異なっているのがこのバンド（図 1-12）です．日本では，1810～1825 kHz が CW 専用，1907.5～1912.5 kHz に CW と占有周波数帯域幅 100 Hz 以下のデジタルモードでの運用が許可されています．SSB は許可されず，帯域幅の関係で RTTY も運用できません．

現時点では，日本国内局が海外局と DX 交信を行う場合は，実質 CW モードがほとんどで，一部の先駆者が PSK などの狭帯域デジタルモードにチャレンジしている状況です．米国や欧州各国では 160 m バンドで SSB モードや RTTY モードも許可されています．

DX 局は，おおよそ 1810～1840 kHz 周辺で CW モードを運用しているケースが多く，CW モードでの DX ウィンドウと考えられるでしょう．

国内交信は 1907.5～1912.5 kHz でアクティブに運用しています．

かつて日本の 160 m バンドの割り当ては 1907.5～1912.5 kHz のみで，160 m バンドで活躍する日本の DX'er OM 諸氏は DX ハンティングにかなりご苦労があったようです．諸外国の CW モードの運用周波数と日本の周波数割り当てが大きく離れていたため，DX 局との交信はスプリット周波数での運用が必須で，DX 局が JA バンドをワッチしてくれなければどうしようもない悲しい状況でした．

2000 年のバンド拡大によって，1810～1825 kHz も割り当てられ，ようやく DX 局とも同じ周波数での交信が可能となりました．しかし，DX ペディション局などが日本のバンドプランから外れた 1828 kHz 周辺で運用するケースなどもあり，現在も引き続きスプリット周波数による運用が行われています．

スプリット周波数による運用が行われているときは，CQ の後に「QSX ○○」というように自分の受信している周波数を指定します．例えば，「QSX22」と送信すれば，自分の送信している周波数ではなく「1822 kHz をワッチしている」ということを意味します．

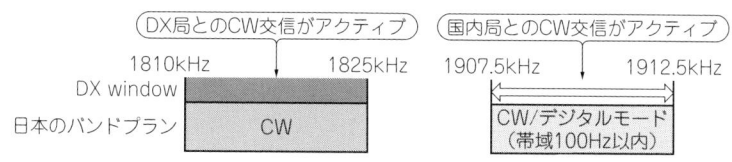

図 1-12　160 m バンドのバンドプランとバンド内の現状

　160 mバンドは，これからDX通信を始めようと思っているビギナーには不向きなバンドと言えます．1波長が160 mもあるのでアンテナ設置に広いスペースが必要です．さらに，ある程度ほかのバンドで経験を積んで運用テクニックを習得しておく必要があります．そうでなければ，このバンドのDXingは楽しめないばかりか，ほかの局に迷惑をかけることになりかねません．数十W程度の出力では，それなりのテクニックと運を味方につけないと歯が立たないのが現実です．

　DX局の入感する時間帯は，夕方から明け方までの夜間帯です．季節は晩秋から春にかけてが狙い目でしょう．日ごとの変動要素が大きく，「寒い冬の早朝に，やっとの思い出で布団から抜け出してきてワッチしているのに，ノイズしか聞こえなくてがっかり」なんてことが日常なのがこのバンドです．日々忍耐を強いられますが，それゆえDX局と交信できたときには喜びもひとしおで，根強いファンがたくさんいるのも事実です．

● 80/75 mバンド（3.5/3.8 MHz帯）

　このバンド（図1-13）も，米国，欧州各国，日本やオーストラリアなど，国々によって周波数と運用可能なモードの関係が異なっているため，周波数割り当て状況が複雑です．日本のバンドプランは飛び石状態で，六つのゾーンに分かれます．3500〜3525 kHzがCW，3520〜3530 kHzが狭帯域データ（CWおよび狭帯域の電話との共用），3525〜3575 kHzがCW/狭帯域の電話・画像，3599〜3612 kHzがCW/狭帯域の電話・画像・データ，3680〜3687 kHz，3702〜3716 kHz，3745〜3770 kHzおよび3791〜3805 kHzがCW/狭帯域の電話・画像となっています．国内では，3500 kHzから3687 kHzまでを80 mバンド，3702 kHzから3805 kHzまでを75 mバンドと呼んでいます．

　近年のDX局の運用を見ると，CWは3500〜3510 kHzあたりで多く運用しています．ま

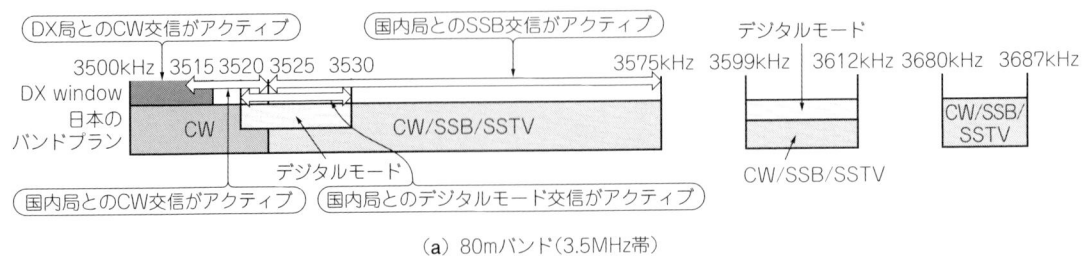

図1-13　80/75 mバンドのバンドプランとバンド内の現状

たDXクラスター見ると，DXペディションなどは米国のAdvanced級，General級のハムを意識して3525〜3530 kHzあたりでも北米向けのサービスが行われているのも見かけます．SSBの国内交信は80 mバンドを，DX交信は75 mバンドを使用するといった棲み分けが，慣習的に行われています．

SSBでのDX交信は，3790〜3800 kHzあたりでよく運用されています．

80 m/75 mバンドは，160 mバンドほどではないものの，ビギナーには少々敷居の高いバンドでしょう．HFローバンドゆえ，それなりのアンテナを使って，ある程度の送信出力を確保しないと，DX局との交信には苦戦を強いられるのが現状です．

アンテナについてです．一般的に使われている短縮型のダイポール・アンテナは，共振する周波数帯域幅が広く取れないため80 mバンド用と75 mバンド用を共用するのにはひと工夫が必要でした．近年では，アンテナ・メーカー各社から給電部に可変式マッチング・セクションを備えたタイプのアンテナが発売されています．これは，シャックにいながら手元のコントローラで共振周波数を制御できる優れたアンテナです．80 mバンドは国内交信も盛んで需要が見込めるため，アンテナ・メーカー各社からいろいろなタイプのアンテナが発売されています．短縮タイプのアンテナでも，敷地の許す範囲でできるだけ大きく高く上げて，CWモードでDXコンテストにチャレンジしてみるのもよいかもしれません．DXコンテストなどであれば，比較的ピックアップしてもらえる可能性が高まります．

DX局の入感する時間帯は，160 mバンド同様に夕方から明け方までの夜間帯です．季節はやはり晩秋から春が狙い目でしょう．日ごとの電波伝搬の変動はあるものの，160 mバンドほどドラスティックではなく，また運用している局数が多いこともあってか，夜間帯は近隣のアジア各国や環太平洋の国々のシグナルを耳にする機会はある程度見込めると思います．しかし，よく聞こえているからといっても，ローパワーでは必ずしも交信できるとは限らないのがこのバンドの難しいところです．ましてや欧州各国や中南米各国となると，ハードルはかなり上がります．

● 40 mバンド（7 MHz帯）

このバンド（図1-14）は，手軽に幅広い地域で安定した国内交信が楽しめることもあり，バンド内は常にラッシュアワー状態．空き周波数を見つけるのもひと苦労です．DX通信においても，コンディションの良い日は，国内局と見劣りしないくらい強力な信号が入感します．このバンドもDX交信に適した時間帯は夕方から明け方までの夜間帯となります．年間を通して，どこかのDX局は入感してくる状況で，HFローバンドDXの入門バンドに適していると考えられます．ただし，SSBモードでは，国内交信のQRMの合間をかいくぐって交信することが多く，配慮が必要なことも多々あります．

40 mバンドでは，RTTYなどの狭帯域データが運用できる周波数範囲が7025〜7040 kHzと決められています．しかし，海外局とのDX通信を行う場合に限り，7040〜7045 kHzも使用することができます．

近年のDX局の運用状況を見てみると，CWでは7000〜7010 kHzあたりで多く運用しています．RTTYやPSKなどのデジタルモードは，

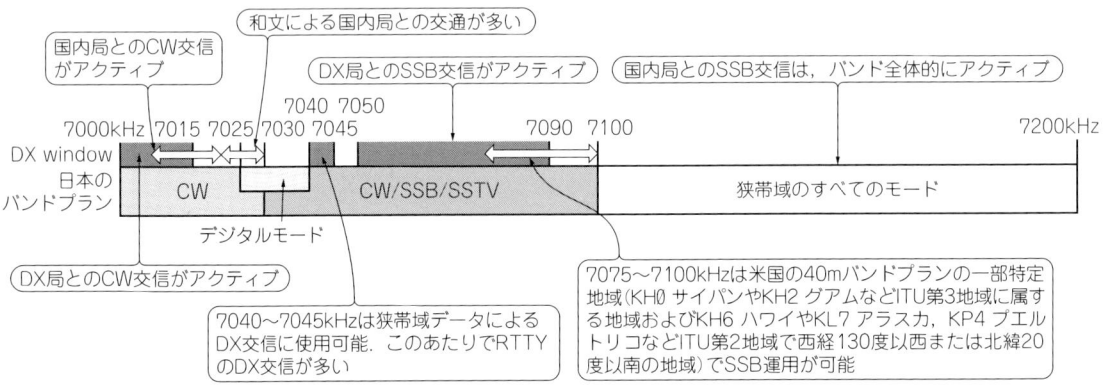

図 1-14　40 m バンドのバンドプランとバンド内の現状

　7040 kHz 周辺で運用しています．SSB の DX ウィンドウについては，なかなか微妙です．現時点では 80 m/75 m バンドのように，国内交信と DX 交信が慣例的な棲み分け整理はなされてはいません．そのため，広い範囲でバンド内をスイープして，激しい国内交信の QRM をかいくぐって浮き上がってきた DX の信号を探すか，DX クラスターにスポットされた周波数をワッチしてみて，国内交信にブロックされずに聞こえたらラッキー…，というのが実態ではないでしょうか．それでは身もふたもないのですが，コンディションが良ければ，米国本土以外の国は 7045 ～ 7080 kHz あたりで運用しているのが聞こえるかもしれません．7060 kHz や 7080 kHz などは比較的 DX ペディションで使われることがある DX スポットです．

　また 7075 ～ 7100 kHz は，米国の 40 m バンドプランの一部特定地域用の例外規定があり，サイパン（KH0）やグアム（KH2）など ITU 第 3 地域に属する地域，ハワイ（KH6），アラスカ（KL7），プエルトリコ（KP4）など ITU 第 2 地域で西経 130 度以西または北緯 20 度以南の地域で SSB の運用が許可されています．DX ペディションなどでこれらの地区からの運用が期待できるときは，注目したい周波数です．米国本土局を狙うなら 7125 ～ 7200 kHz を探してみてください．時間帯によっては短波放送も行われている周波数でもあり QRM も激しいのですが，コンディション次第ではのんびりラグチューしている西海岸の局など，思いがけない強力なシグナルで安定して受信できることもあります．

　40 m バンドで DXing に情熱を燃やす OM 諸氏の設備は，20 m 超のタワーに大型ビーム・アンテナということもさほど珍しくなくなってきました．アンテナや送信出力をグレードアップすれば，それに見合うリターンが実感できるのもこのバンドの特徴でしょう．とはいえ，一般的なダイポール・アンテナやバーチカル・アンテナと出力 50 W クラスで運用しても，CW であればテクニック次第でパイルアップでもいい勝負ができるでしょうし，SSB でも相手を選べば結構 DX 交信が楽しめます．アンテナ・メーカー各社からは，大型八木アンテナからマルチバンド・ダイポール，移動用のポータブル・アンテナにモービル用アン

テナなど，豊富なラインナップがそろっています．

すでに国内交信を楽しまれているのなら，ワッチする時間帯をちょっと変えてみることで，手軽にDX交信にチャレンジできます．HFローバンドのDXは，夕方から明け方までが狙い目です．国内交信がある程度スキップしてくれるので，近隣のアジア各国や環太平洋の国々のシグナルは比較的容易に見つけられるでしょう．

40mバンドでHFローバンドDXのスキルを磨いて，徐々に80m/75mバンドや160mバンドにチャレンジしてみるのもよいかもしれませんね．

● 30mバンド（10MHz帯）

30mバンド（図1-15）には，17mバンドと12mバンドとともに「WARCバンド」という別名があります．これは，1979年ジュネーブで開催された世界無線主管庁会議で，これらのバンドをアマチュア無線に割り当てた経緯があり，世界無線主管庁会議の略称WARCがその別名の由来です．WARC-79からすでに30年以上経過していますが，世界各国のバンドプランでは，制限事項があったり，アマチュア無線に割り当てられていないケースもあります．たとえば米国では，送信出力が200WPEPまでと制限されています．南米のチリでは，通常は30mバンドはアマチュアバンドに割り当てされていません．

30mバンドの電波伝搬の雰囲気は，40mバンドに近い感じです．休日の昼間帯は国内交信やJCC/JCGの移動サービスがよく聞こえてきます．日中でも日本の周辺国からの電波も安定して届くので，昼間でも近隣国とのDX交信が楽しめます．DX交信に適した時間帯は，夕方ごろより早朝までがお勧めでしょう．バンドの帯域幅は

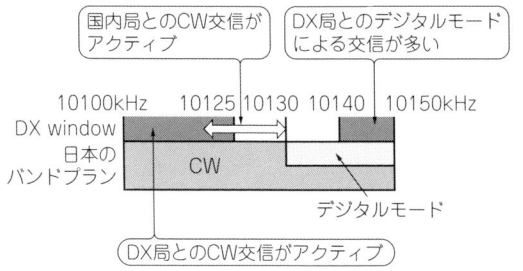

図1-15　30mバンドのバンドプランとバンド内の現状

50kHzしかありませんが，40mバンドのような超過密状態ではありません．CWと狭帯域データのみが許可されていることもあり，気軽に運用できるバンドです．

近年のDX局の運用状況を見てみると，DX交信は10100〜10120kHzあたりでよく運用されています．コンディションが良くて，多くの局が運用しているときは，10125kHz近辺でも運用されることがあります．またRTTYをはじめとするデジタルモードのDX交信は，10145kHz周辺でアクティブです．

30mバンドでのDX交信については，黎明期からの根強いファンもいますが，筆者の印象としては，ほかに全力投球するメインのバンドをもっている方が，オプショナル的に30mバンドにも出ているような雰囲気を感じています．もちろん珍局がQRVすれば，大きなパイルアップになりますが，それでも少し待ってピークをやり過ごせば，一般的なダイポール・アンテナやバーチカル・アンテナに出力100Wクラスで参戦しても十分楽しめます．ほかのバンドのアンテナに，アンテナ・チューナでマッチングを取っている局も見受けられます．

バンドが混雑していないので，DX交信のビギナーがマイペースで落ち着いて交信するには適し

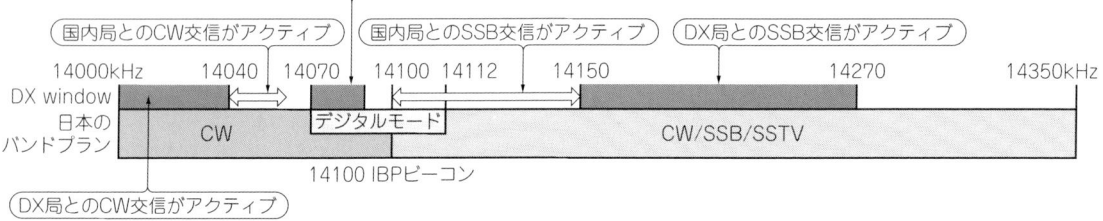

図1-16　20mバンドのバンドプランとバンド内の現状

たバンドだと思います．ただ平日などは，交信相手に困ることがあるかもしれません．このバンドのアクティビティーが高くなることに期待しましょう．

● 20mバンド（14MHz帯）

このバンド（**図1-16**）は，昔も今も変わらずDX交信のメイン・ストリートです．

季節や太陽活動の状況によって電波伝搬のコンディションは変わりますが，一年を通してDXに対して広範囲のパスがオープンし，また時間帯によって地域は変わりますが，一日中どこかのDX局が入感しています．DXペディションや珍しい地域からの運用も盛んに行われ，DXCCなどをはじめとするアワード・ハンティングや海外コンテストなどでも外すことのできない，DXにはぴったりのバンドです．バンド幅も350kHzと比較的余裕があります．

バンド内の運用状況を見てみましょう．14000～14040kHzあたりでDX局がアクティブに運用しています．20mバンドでは，RTTYなどのデジタルモードの運用も盛んに行われています．14070kHz台でPSKなどが，14080kHz台でRTTYがアクティブに運用しています．SSBでは14170～14270kHzあたりでよくDX交信が行われています．

20mバンドでは，スプリット周波数運用もごく普通に行われています．DXペディションやちょっと珍しいエンティティーからの運用でパイルアップが起こっているときは，スプリット運用が行われていないか，DX局はどの周波数をワッチしているのかをよく確認して，パイルアップに参戦しましょう．

このバンドで運用する方々は，国内外を問わず経験豊富なOMさんが多く，オペレーション・テクニックを勉強するのにはぴったりのバンドだと思われます．運用するには第2級アマチュア無線技士以上の上級資格が必要なことから大出力局が比較的多く，珍局が現れると長時間大きなパイルアップが巻き起こり，弱肉強食の世界をまざまざと見せつけられるのもこのバンドの特徴なのかもしれません．

20mバンドでDX交信やアワード・ハンティングを楽しむOM諸氏の設備は，アンテナも3～4エレメント・クラスの八木アンテナが一般的に使われているようです．15mバンドや10mバンドと組み合わせたマルチバンド八木アンテナも，アンテナ・メーカー各社から発売されており，製品ラインナップも充実しています．また，移動運

Chapter 01　DX 初心者に贈る HF 帯海外交信ガイド

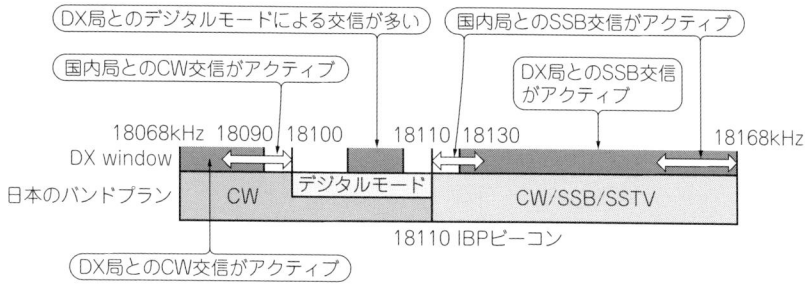

図 1-17　17 m バンドのバンドプランとバンド内の現状

用でも使用できる，軽量のビーム・アンテナも多く発売されており，熱心な DX ペディショナーは，小規模 DX ペディションでもビーム・アンテナを使用することもあります．

● 17 m バンド（18 MHz 帯）

こちらも WARC バンドの一つです（**図 1-17**）．電波伝搬の雰囲気は 20 m バンドに近い感じですが，太陽活動の影響や，日変化の影響がより大きく感じられるかもしれません．20 m バンドほどではないものの，一年を通して DX に対して広範囲のパスが開き，DX 局の入感している時間帯が長いため，このバンドも DX 交信にお勧めです．基本的には昼間帯と日の出前後の数時間，日没を挟んだ数時間あたりが DX 交信に適した時間帯でしょう．

現時点では，WARC バンドでメジャー・コンテストは行われていないので，コンテスト期間中は，喧騒とした 20 m バンドを避けて，このバンドに QRV される方も多いとか…．

バンド内の QRV の状況を見てみましょう．18068 〜 18085 kHz あたりで DX 局が CW でアクティブに QRV されています．20 m バンドほどではないものの，デジタルモードの運用も行われています．18100 kHz 付近で PSK などが，18103 〜 18108 kHz あたりで RTTY が運用しています．SSB では 18125 〜 18150 kHz あたりでよく DX 交信が行われています．

バンド幅が 100 kHz と比較的狭く，だんだん運用する局も増えてきたため，コンディションのよい日には，空いている周波数を探すのが大変なこともあります．しかし，適度に DX 局や DX ペディション局の運用があり，パイルアップも 20 m バンドのように混乱していないので，肩肘張らずにリラックスして DX 交信が楽しめるのではないでしょうか．

このバンドでの DX 交信は，一般的なダイポール・アンテナでも，さほどストレスを感じず楽しめることでしょう．もちろん，4 エレメント八木クラスのアンテナをあげることができれば，パイルアップも早い時期に勝ち抜けることが期待できそうです．

● 15 m バンド（21 MHz 帯）

このバンド（**図 1-18**）は，本格的な DX 交信と国内交信の両方を，しっかり楽しめるのが特徴だと思われます．太陽活動が低迷している期間の冬場や夜間帯などは，「アンテナが壊れたか？！」と心配になるほどまったく何も聞こえない日もあります．しかし，いざ珍局が入感すると「こんな

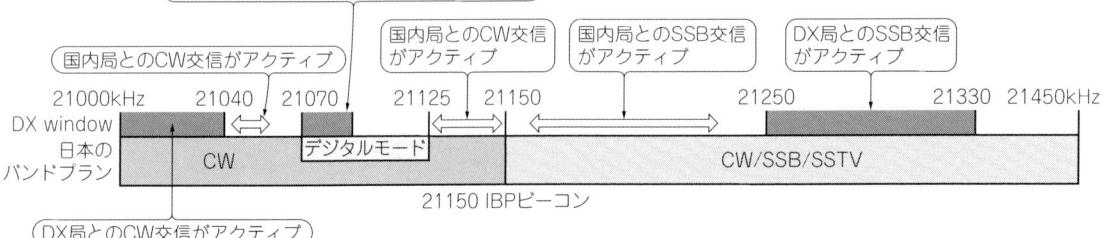

図 1-18　15 m バンドのバンドプランと運用の現状

にたくさんの局がいたのか！！」とびっくりするくらいにぎやかになります．

すべての資格で運用が可能なバンドなので，DX 交信を楽しみたい 4 アマの方にお勧めのバンドです．普段のバンド内はあまり混雑しておらず，落ち着いて交信ができます．

交信難易度が高い DX 局から交信しやすい DX 局まで適度に入感し，たまにロングパスやスポラディック E 層など，電波伝搬的にも面白い異常伝搬も体験できるので，これから HF 帯の DX 交信にチャレンジしようと思っているビギナーの入門バンドとしてもお勧めです．

バンド内で運用する DX 局の状況を見てみましょう．21000〜21040 kHz あたりは CW で DX 局がアクティブに運用しています．15 m バンドは 20 m バンドに次いでデジタルモードの運用も盛んです．21070 kHz 付近で PSK が，21080〜21090 kHz あたりで RTTY が聞こえてきます．SSB は 21250〜21330 kHz あたりで DX 交信が行われています．コンディションが良好でたくさんの局が出始めると，21220 kHz 付近まで DX 局が聞こえてくることもあります．まれに米国のパイルアップを避ける目的で，21200 kHz よりも少し下側で運用する DX 局も見られます．

ビギナーが 15 m バンドで DX 局と交信を楽しむなら，お勧めの季節は春から秋ごろです．まずは，明け方から夕方までの昼間帯を狙ってみましょう．この時間なら，近隣諸国や東南アジア，オセアニア各国の DX 局を見つけやすいでしょう．コンディションが良ければ，早朝から午前中の早めの時間帯にかけて北米方面の DX 局の信号が強力に入感します．こちらもコンディション次第ですが，午後から夕方にかけては欧州各国の DX 局の入感が期待できそうです．

夜間帯や冬季の DX は，ダイポール・アンテナやバーチカル・アンテナを使っている小規模局には難しいでしょう．

21 MHz あたりの周波数になってくると，電離層伝搬時の減衰も少なくなってくるので，コンディションさえ良ければ，ロー・パワーでもびっくりするほどよく飛んでくれます．マンションのベランダからの釣り竿アンテナやモービル・アンテナに数十 W 程度でパイルアップに参戦しても，思いがけずあっさりとコールバックがあることも珍しくありません．

15 m バンドで DX 交信やアワード・ハンティングを楽しむ OM 諸氏のアンテナは，3〜4 エ

Chapter 01　DX 初心者に贈る HF 帯海外交信ガイド

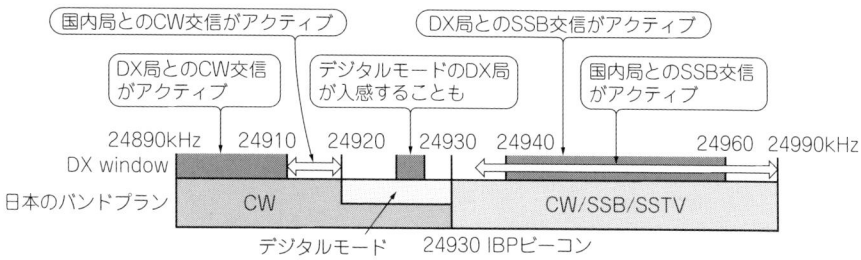

図 1-19　12 m バンドのバンドプランと運用の現状

レメント・クラスの八木アンテナが一般的なようです．

若干浮き沈みの激しいバンドの性質から，マルチバンド八木アンテナなどを利用している局は，コンディションのよいときに 15 m バンドを運用し，コンディションが冴えなくなってきたら低いバンドに移る運用スタイルの方が多いようにも感じます．

● 12 m バンド（24 MHz 帯）

このバンド（図 1-19）は，HF ハイバンドの中でも周波数が高めなので，DX 局との交信はコンディションに大半がゆだねられてしまうのが実情でしょう．現時点では，12 m バンドもメジャーなコンテストは行われていないので，このバンドの根強いファンもいるものの，アクティビティーは珍しい地域からの DX 局の運用がないとなかなか上がってこない雰囲気です．

コンスタントに運用している局は少なく，DX とのパスが開いている時間帯でも運用する局が少ないために，閑散としていることが多々あります．とはいえ，DX ペディションでも 12 m バンドの運用は行われるので，コンディションさえ良ければ HF ハイバンドの飛びの良さを楽しめるでしょう．

このバンドも，基本的には昼間帯が運用の中心となります．季節は春から秋にかけてが DX 交信には狙い目です．15 m バンド以上にコンディションの浮き沈みが激しく，DX ペディションなど，何かイベントものがないとなかなかアクティビティーの上がらない状況です．

どちらかといえば玄人向きの要素が強いバンドなのかもしれません．

> **Column 02**　HF ローバンドと HF ハイバンドの境
>
> 　160 m バンド，80 m/75 m バンド，40 m バンドまでは，確実に HF ローバンドと呼ばれます．一方，20 m バンドから周波数の高い HF ハムバンドは HF ハイバンドに分類されています．微妙なのが 30 m バンドです．おそらく HF ローバンドに分類されるのでしょうが，電波伝搬の性質などは夜間帯に遠距離通信を得意とするローバンドの特徴と，昼間帯でもある程度 DX 局との交信が可能なハイバンドの特徴を併せ持っています．30 m バンドを HF ローバンドと言い切ってしまうのに躊躇を感じるのは私だけでしょうか？！

● 10 m バンド（28 MHz 帯）

波長が 10 m 少々と HF 帯の中では一番短く，HF ハイバンドの中で最も周波数が高いバンドです（図 1-20）．HF 帯で唯一 FM モードの運用ができ，衛星通信の区分があるのも，このバンドの特徴です．電離層通過時のロスも少ないので，コンディションが良いときのパンチの効いた飛びの良さはなかなかの快感です．

夏場の Es 伝搬やスキャッタ伝搬など，VHF 帯でおなじみの異常伝搬によるスリリングな交信も楽しめます．

HF ハイバンドゆえ，バンドのアクティビティーはコンディション次第の側面は否めません．特に DX 交信については，太陽活動が盛んで黒点数の多い時期には運用する局も多く，小さな設備の局でも短時間にたくさんの DX 局と交信することもできるでしょう．

その一方，太陽活動の低迷期では，多エレメントの大型ビーム・アンテナを装備したビッグガン・ステーションでもなかなか厳しい状況です．

このバンドも基本的には昼間帯が運用の中心になります．季節は春から秋にかけてが DX 交信には狙い目です．

比較的長距離の DX 局を狙うには，春や秋の午前中の早めの時間帯や夕方少し前などがよりチャンスが高いタイミングでしょう．

また 10 m バンドは，海外コンテストでも使用されるバンドなので，コンテストをうまく活用して，お目当ての DX 局を狙ってみるのもよいかもしれません．

10 m バンドで DX 交信やアワード・ハンティングを楽しむ OM 諸氏のアンテナは，15 m バンドと似たような傾向で，3〜4 エレメント・クラスのマルチバンド八木アンテナが一般的のようです．

浮き沈みの激しいバンドの性質上，一部の根強いファンを除けば，コンテストや DX ペディション局が運用したとき，またはコンディションが上昇してバンドがオープンしたときだけ 10 m バンドを運用するスタイルが多いのかもしれません．

とにかく，コンディションが良くなるまでは忍耐が必要ですが，バンドがオープンしたときの爆発力は印象深く，スリリングな DX 交信を満喫できることでしょう．

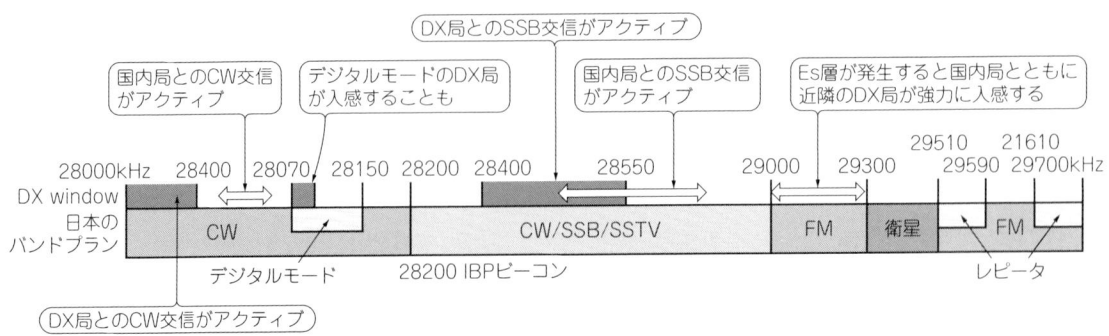

図 1-20　10 m バンドのバンドプランと運用の現状

Chapter 01　DX 初心者に贈る HF 帯海外交信ガイド

1-7　交信スタイル集

「海外局と交信してみたいけれど，あまり英語には自信ないし…，さてどう始めたらよいのかな??」と，迷ってしまったあなたのために，はじめの一歩を踏み出すための，交信スタイルを紹介しましょう．交信の流れは，基本的に国内交信と変わりません．あと必要なのは，ほんのちょっぴりの勇気と好奇心なのかも．

● ファースト・ステップ

国際コンテストにチャレンジ

「交信中に想定外の話が出てきたらどうしよう…」と心配になってしまったあなた，まずは国際的なコンテストで CQ を出している海外局を呼んでみてはいかが？　交信内容は基本的にコンテスト・ナンバーの交換だけです．国内コンテストと同じですね．コールする前にしばらくワッチしていれば，相手局は何を言っているのかがわかるので安心です．相手のコンテスト・ナンバーは，あらかじめコピーしておきましょう．

ALL ASIAN DX コンテストでネパールの 9N7YT と JA1YCQ との交信を例に，基本的な交信スタイルを見ていきます（**図 1-21**）．All Asian DX コンテストのコンテスト・ナンバーは「シグナル・レポート＋オペレーターの年齢（YL 局は 00 も可）」です．JA1YCQ のところを自分のコールサインと年齢に置き換えるだけで交信できます．

はじめはちょっと緊張するかもしれませんが，ごく簡単なやり取りなので心配はいりません．また，日本のコンテスト参加局もあちこちで CQ を出しているので，しばらく聞いていて，どんな対応をするのかを参考にするのもよいでしょう．

● セカンド・ステップ

のんびりと QRV しているホリデー・スタイル運用の局をコールする

いきなり DX ペディション局のパイルアップに参加するのはお勧めしません．混乱したバンド内では，自分へのコールバックがわからないこともあるでしょう．そこで，南太平洋の島々でリゾートを楽しみながら無線も楽しむ，いわゆるホリデー・スタイル運用（DX バケーションと言われ

```
9N7YT   : CQ Contest Nine November Seven Yankee Tango Contest
          CQコンテスト　ナイン ノベンバー セブン ヤンキー タンゴ　コンテスト
JA1YCQ : Juliett Alfa One Yankee Charlie Quebec
          ジュリエット アルファ ワン ヤンキー チャーリー ケベック
9N7YT   : JA1YCQ 5941 QSL？
          JA1YCQ 5941です QSL？
JA1YCQ : OK Your 5947 Thank you
          了解 5947です ありがとう
9N7YT   : QRZ？ Nine November Seven Yankee Tango　Contest
          QRZ？　ナイン ノベンバー セブン ヤンキー タンゴ　コンテスト
```

図 1-21　All Asian DX コンテストでの交信例

ることもある)の局をコールしてみましょう(図1-22).比較的日本から近いこともあり,電波も安定して届くことが多いので,初心者でも安心です.

パイルアップになっていないタイミングを見計らってコールしてみてください.この局との交信は基本的に,シグナル・レポートの交換だけなので安心です.マーシャル諸島から運用するV73NTとJA1YCQとの交信例を示します.

こちらもしばらく聞いていると,たくさんの局が次々に呼んできて交信が進んでいきます.しかし,たまにはコールサインをミスコピーされるときもあるはずです.JA1をJH1とミスコピーされた場合を例に挙げて,訂正の方法を示します(図1-23).

● スプリット運用

珍しい地域からサービスを行うDXペディション局は,世界中から激しいパイルアップを受けます.そこで,送信周波数と受信周波数を変える「スプリット運用」を行い,効率良く交信行っている場面に遭遇します.そのとき,DX局はパイルアップをさばくために,ワッチする周波数を指定することもあります.

スプリット運用時には「Listening 250 to 255」や「Listening 5 up」などというアナウンスに出会うことがあります.「Listening 250 to 255」の意味は,「周波数250〜255 kHzの範囲をワッチしている」.つまりコールする人は,その範囲で送信してくださいとの意味になります.

```
V73NT   : This is Victor Seven Three November Tango. QRZ？
          こちらはヴィクター セヴン スリー ノヴェンバー タンゴです．QRZ？
JA1YCQ  : Juliett Alfa One Yankee Charlie Quebec
          ジュリエット アルファ ワン ヤンキー チャーリー ケベック
V73NT   : JA1YCQ Your 59 QSL？
          JA1YCQ 59です 了解ですか？
JA1YCQ  : OK Your 59 Thank you
          了解 こちらからも59です ありがとうございました
V73NT   : This is Victor Seven Three November Tango QRZ？
          こちらはヴィクター セヴン スリー ノヴェンバー タンゴです．QRZ？
```

図1-22 ホリデー・スタイル運用の局との交信例

```
V73NT   : JH1YCQ your 59 QSL？
          JH1YCQ 59です 了解ですか？
JA1YCQ  : You have my prefix wrong. My prefix is JA1 Juliett alfha one. Do you copy？
          プリフィックスが違います．私のプリフィックスはJA1です．コピーできましたか？

あるいはシンプルに

JA1YCQ  : Negative！ My Callsign is Juliett Alfa One Yankee Charlie Quebec. Do you copy？
          違います！ 私のコールサインはJA1YCQです．コピーできましたか？
```

図1-23 相手がミスコピーしたときの訂正例

一つの周波数に固まって一気にコールされると
ピックアップできないので，指定した範囲に各局
が散らばって呼んでほしいという意図です．

「Listening 5 up」の意味も似ており，DX局
は送信している周波数から5kHz高い周波数を
聞いている．つまりコールする人は5kHz高い
周波数で送信してくださいとの意味になります．

しかし5kHz上のピンポイントでみんなが一
斉にコールすると，DX局はピックアップできな
いので，微妙に周波数をずらすなどの配慮が，各
局の腕の見せ所です．どのあたりでコールするの
が，DX局にピックアップされやすいのか，どん
なタイミングでピックアップされる周波数が動い
ていくのかなどなど，DX局との心理戦の様相も
あります．

初心者のうちは，パイルアップが収まるまでし
ばらくワッチして，テクニックを勉強させてもら
うのがよいでしょう．

● さらなるステップアップ
　ラバースタンプQSO

ある程度，海外局との交信にも慣れてくると，
いつも「ファイブナイン　サンキュー」だけでは
つまらなくなってくるかもしれません．そうなれ
ば，ステップアップのチャンスです．

基本的には，国内交信で交信している交信スタ
イルをそのまま英語に置き換えれば問題ないで
しょう．しばらくは，ほかの人の交信をワッチし
てみましょう．だいたい決まったパターンが見え
てくるので，書き取って自分の英会話のフレーズ
集を作っておくのがお勧めです．英語での交信の
例については，ときどきCQ ham radio で取り
上げられているので，それらを参考にするのもよ
いでしょう．

何を言っているのかが聞き取れるようになれば，
いよいよ通常の交信にチャレンジしても大丈夫で
しょう．次のステップとして，交信の基本となる
ラバースタンプQSOにチャレンジしてみましょ
う．交信例を図1-24に示します．

● 表現のアレンジなど

ラバースタンプQSOに少しアレンジを加えて
みます．

「CQ Africa This is T88NT calling CQ and
standing by.」
（CQ アフリカ こちらは T88NT 受信します．）

もし，DX局が特定の地区を狙ってCQを出
している場合，例えばアフリカであれば「CQ
Africa」やCQの最後に「looking for Africa」
というフレーズが入ります．こんなときは，もち
ろん日本の局は呼んではいけませんね．

悩ましいのは「Pacific Ocean」というフレー
ズのときです．日本も環太平洋の国なのですが，
CQを出しているDX局としては，太平洋に浮か
ぶ南の島々からのコールバックを期待しているこ
とでしょう．

「T88NT This is Juliett Alfa One Yankee
Charlie Quebec JA1YCQ calling you and
standing by.」
（T88NT こちらはジュリエット アルファ ワン
ヤンキー チャーリー ケベック JA1YCQ です
どうぞ）

DX局が受信に移ったらコールするわけですが，
相手の信号強度や自分の送信出力，アンテナなど
を考慮して，フォネティック・コードでコールを
繰り返すか，1回にとどめるかなど調整します．

「QRZ？ This is T88NT come again.」
（QRZ？　こちらは T88NT 再度どうぞ）

T88NT	: CQ CQ CQ This is Tango Eightyeight November Tango T88NT calling CQ and standing by. 　　CQ CQ CQ　こちらはタンゴ エイティエイト ノベンバー タンゴ T88NTです．受信します．
JA1YCQ	: T88NT　This is Juliett Alfa One Yankee Charlie Quebec JA1YCQ calling you and standing by. 　　T88NT こちらはジュリエット アルファ ワン ヤンキー チャーリー ケベック JA1YCQです どうぞ．
T88NT	: JA1YCQ This is T88NT．Thanks for coming back to my call. 　　JA1YCQ こちらはT88NTです．コールありがとうございます． Good morning to you. Your signal is five and nine. 　　おはようございます．シグナル・レポートはファイブ・ナインです． My name is Go. Golf Oscar. 　　名前はGoです． And, My QTH is Palau. Papa Alfa Lima Alfa Uniform. 　　QTHはPalauです． How do you copy me ? 　　コピーできましたか？ JA1YCQ this is T88NT over. 　　JA1YCQ こちらはT88NTです どうぞ．
JA1YCQ	: T88NT this is JA1YCQ. 　　T88NT こちらはJA1YCQです． OK , Good morning Go. Thank you for the nice report. 　　Goさんこんにちは．良いレポートをありがとう． You are also your five nine. You have a strong signal here. 　　こちらからも59を送ります．強力な信号ですよ． My QTH is Tokyo. Tango Oscar Kilo yankee Oscar. 　　私のQTHはTokyoです． And, My name is Ken. Kilo Echo' November. 　　名前はKenです． Back to you. T88NT this is JA1YCQ. 　　お返しします．T88NT こちらはJA1YCQです．

図 1-24　ラバースタンプ QSO の一例

　DX局が「QRZ？」と言っています．単にうっかり取り損なったのかもしれません．もしかすると，複数局から呼ばれてコールサインを取り損なったのか，信号が弱くて聞きにくかったという可能性もあります．フォネティック・コードを使ってもう一度コールします．

「You are also your five nine. You have a strong signal here.」
（こちらからもファイブナインです．とても強い信号ですね）

Chapter 01　DX初心者に贈る HF帯海外交信ガイド

T88NT　　：JA1YCQ this is T88NT returning.
　　　　　　　JA1YCQこちらはT88NTです．
　　　　　OK Ken, Solid copy.
　　　　　　　Kenさん．完璧に聞き取れていますよ．
　　　　　WX here is fine.
　　　　　　　こちらの天気は晴れです．
　　　　　Today, it is about eighty degrees Fahrenheit here.
　　　　　　　気温はだいたい華氏80度です．
　　　　　I have a three element tribander Yagi. and,
　　　　　My rig is a ICOM IC-7800 running 200watts.
　　　　　　　私は3エレメントのトライバンダー八木アンテナを使っています．
　　　　　　　リグはICOM IC-7800で200W出力で送信しています．
　　　　　So, Thank you Ken for the nice QSO. I hope to see you again.
　　　　　　　それでは，KenさんQSOありがとうございました．また会いましょう．
　　　　　JA1YCQ this is T88NT 73.
　　　　　　　JA1YCQこちらはT88NTです　73.
JA1YCQ　：T88NT this is JA1YCQ. OK, Go.
　　　　　　　T88NTこちらはJA1YCQです．GoさんOKです．
　　　　　You have nice equipments！！
　　　　　　　とってもいい設備をお持ちですね
　　　　　My antenna is a dipole about 10meters high.
　　　　　　　私のアンテナは地上高約10mのダイポールです．
　　　　　I'm using IC-7000.
　　　　　　　リグはIC-7000を使っています．
　　　　　I will send you my QSL card via the bureau.
　　　　　　　私のQSLカードはビューロー経由で送ります．
　　　　　Thanks for the QSO, Go. Hope to see you again, soon.
　　　　　　　GoさんQSOありがとうございました．近いうちにまたお会いしましょう．
　　　　　T88NT this is JA1YCQ. 73 and good DX.
　　　　　　　T88NTこちらはJA1YCQです．73　よいDXを．

　信号が強いとき，例えば「59＋10dB」なら「10dBs over nine」などのように表現します．
「WX here is fine. Today.」
（今日はいい天気です．）
　　WXは天気のことを表します．「fine」は晴れです．そのほか，雨降りは「raining」，雪が降っているは「snowing」，曇りは「cloudy」，風が強いは「windy」というように表現します．
「It is about eighty degrees Fahrenheit here.」
（気温はだいたい華氏80度です．）

米国文化圏の局は気温を華氏で表すので，戸惑ってしまいます．80度とはとんでもなく暑いのかとびっくりしますが，摂氏約27度のことです．ちなみに摂氏0度は華氏32度，摂氏20度は華氏68度，摂氏30度は華氏86度です．

● 空き周波数を確認するとき

ラバースタンプQSOを重ねると，自信が付いてくるでしょう．そうなると次はCQを出す番です．

空き周波数を見つけてCQを出すとき，クリアなスポットなのかどうかは，しばらくワッチをして使われていないことを確認すればOKです．それでも「念のため…」と思ったら，こんなフレーズが役に立ちます．

「Is this frequency in use？」

これは国内交信でいうところの「周波数チェック？」にあたるものです．これに対して，誰か使っていれば，

「This frequency is in use.」
「This frequency is occupied.」

などと帰ってきます．

● 雑感など

交信相手も同じアマチュア無線家です．こちらのたどたどしさは相手にも伝わるので，そう心配しなくてもあまり難しい表現は登場しないでしょう．下手でもこちらから積極的に話題を振って話しかければ，米国語権圏のハムはわりと面倒見よく付き合ってくれるようです．

DX交信ビギナーは，まずはのんびり交信をしたいように見える（聞こえる）局を捕まえて，チャレンジしてみるのがよいでしょう．

ただし，これに限ったことではありませんが，TPOはわきまえる（いわゆる空気を読む）ことが大切です．局数をバリバリ稼いでいる局や，DXペディションなどでパイルアップになっている局，コンテスト参加局は，シンプルに手早く手短に交信を終えるのが原則です．

● CWだったら怖くない！

それでもやっぱり，SSBでの交信は怖い…，と感じているあなた．CWでDX交信にチャレンジしてみてはいかが？ CWならば，ほとんど国内交信と雰囲気は変わりません．強いて言うなら，QTHが聞きなれない地名に変わる程度なので安心です．

インターネット環境が利用できるのなら，QRZ.comなどのコールサイン情報検索サイトを利用して，CQを出している局の基本情報を事前にささっとチェックしてしまう手もあります．これなら「相手局がなじみのない海外の地名を送ってきて，あわててミスコピーしたらどうしよう…」と，心配性のあなたも大丈夫ですね．ついでにE-Mailで交信のお礼も送っておけば，次回の交信がもっと楽しくなることでしょう．

1-8　運用情報を得る　DXクラスターの話など

ある程度，DX交信にも慣れてきて，お空のコンディションが把握でき，DX局のエンティティーと自局の電波の飛び具合の関係がわかってきたら，今度はあちこちのDX局とたくさん交信したくなってくるでしょう．DX局の運用予定が事前にわかれば，交信できる確率もアップでFBです．

DXペディションを行う側の立場で考えてみましょう．DXペディション局は，たくさんの局と交信するのが目的です．苦労とコストを惜しげもなくつぎ込んで，珍しいエンティティーに出かけ，ビッグ・パイルアップを楽みたいのです．滞在時間は限られるので，運用できそうな期間や周波数，モード，使用するコールサイン，QSLカードの発行情報などを事前に周知できれば，たくさんの局に見つけてもらえる確率を上げられます．さらに，交信のたびにQSL INFOを流す必要もなくなるので，1交信あたりの時間も節約できます．限りある短い期間で，より交信局数を増やせそうです．

● インターネットから

近年では，大規模DXペディションに限らず，ホリデー・スタイルのミニ・ペディション運用も含めて，さまざまなDX局QRV情報がインターネット上から容易に得ることができます．まずはDX関係のWebサイトやBlogなどをチェックしてみるのがお手軽でしょう．

DXニュースが得られるWebサイト

425 DX News…**http://www.425dxn.org/**
The OPDX Bulletin…**http://www.papays.com/opdx.html**
The Daily DX…**http://www.dailydx.com/**

● DXクラスター

さらに，現在入感しているDX局のコールサインと運用中の周波数がわかれば，呼ぶ側と呼ばれる側とも交信の効率がアップできて双方ハッピーです．ワッチしていてDX局を見つけたら，お互いに通報しあう仕組みを全世界規模で構築したものがDXクラスターです．

DXクラスターの売りは，なんと言ってもリアルタイムに運用している局のコールサインと運用周波数がわかることです．DX局の情報がDXクラスターにアップされると，それを見た局多くの局が一気にコールし始めるので，急にパイルアップが大きくなります．

呼ばれるDX局側で運用しているとよくわかるのですが，パラパラと数局に呼ばれていたかと思うと，急にパイルアップが巻き起こります．「おおっと，DXクラスターにアップされたな」と思いながらパイルアップをさばき，ある程度ピークが過ぎ去ったかと思って油断していると，また急にパイルアップが始まったりします．あとでDXクラスターのアップ状況と突合せると，タイミングがばっちり符合していることがよくあります．

DXクラスターは，過去の情報がデータベース化されていて検索もできるので，DX局の電波伝搬状況や運用するタイミングの傾向をつかんだり，DXペディションを計画する際に，過去にそのエンティティーで運用していたことのある局を探したりすることにも活用できます．

有名なDXクラスターでは，「DX Summit[※1]（図1-25）」や「DXSCAPE[※2]（図1-26）」などがあげられます．

● Revers Beacon Network

さらに時代は進んでいます．CWモードは，PCで簡単に解読できる時代となりました．SDR（Soft ware Defined Radio，ソフトウェア・ラジオ）とCW解読ソフト「CW skimer」の組み合わせで，広帯域にバンド内のCW交信の解読ができるようになりました．そうなれば，CWのCQを解読して，自動でピックアップしてDXクラスターにスポッティングするという仕組みができ上がるのも自然な流れでしょう．「Revers Beacon Network[※3]」は，まさにこのシステム

図 1-25　DX Summit

図 1-26　DXSCAPE

です（**図 1-27**）．

　自分の電波はどれくらいの強さで飛んでいるのか？ どこの国にどの程度の信号強度で聞こえているのか？ これがわかれば，電波は届いているがコールしてくれる局がいないのか，電波自体が届いていないのかがわかり，今日の電波伝搬状況，DX へのパスの有無がリアルタイムで確認できるのです．つまり自分の局の飛びと実力が把握できます．シミュレーションではなく，実際の受信状況が把握できるのです．

　この原稿を書いている時点では，世界中に 83 局のセンサ局が張り巡らされています．CW で CQ を出すと，「CW skimer」でワッチして，受信状況が Web サイト上に表示されます．また，この

Chapter 01　DX初心者に贈る HF帯海外交信ガイド

図1-27
Revers Beacon Network

うちのいくつかの局は，自動で「DX Summit」にスポッティングもしてくれています．

● **雑誌から情報を得る**

CQ ham radio の DX コーナーでは，比較的大規模に運用される DX ペディションの告知などが詳しく掲載されています．1～2か月先に予定されている DX ペディション情報や珍しいエンティティーから運用している地元局の動向などが毎月紹介されているので，活用するとよいでしょう．

※1　http://www.dxsummit.fi/
※2　http://www.dxscape.com/
※3　http://www.reversebeacon.net/

1-9　QSL カードの交換

DX 局と交信できたら，QSL カードを交換したくなりますね．日本のものとは違い，異国情緒たっぷりの QSL カードが外国から届くと，交信できたときの喜びをあらためて思い起こします．DX ペディション局からは，二つ折りの大きな QSL カードが届くこともあり，喜びがさらに倍増です．ここでは，DX 局と QSL カードを交換する方法を説明します．

ただ，DX 局と QSL カードを交換する際には，気をつけたいポイントがいくつかあります．ほとんどが JARL 経由という，国内局との QSL カードの一般的な交換スタイルとは少し違います．気を付けたいところを，ピックアップしていきましょう．

DX 局と QSL カードを交換する際は，交信相手に直接送らず QSL マネージャーと呼ばれる局を仲介することもあります．

QSL カードを交換する方法は，大きく分けて「QSL ビューローを利用する」「直接郵送する（ダイレクト）」「インターネットを経由して請求する O.Q.R.S. の利用」の3通りあります．後ほどそれらについても解説します．

アマチュア無線運用ガイド | 37

ほかにも，インターネット上で電子的にQSLカードを交換する「eQSL※4」，アメリカのアマチュア無線連盟ARRLが運用する，アワードの申請向けに交信データだけを認証しあう「LoTW※5」などがありますが，本稿では割愛します．

※4　http://www.eqsl.cc/qslcard/Index.cfm
※5　http://www.arrl.org/logbook-of-the-world

● QSLマネージャー

DX局とQSLカードを交換する場合，交信した当人に送るのではなく，発行業務を代行する「QSLマネージャー」と呼ばれている局に，QSLカードを送るケースが頻繁にあります．この仕組みの考え方は，DX局あてのQSLカードを「QSLマネージャー気付」で送るイメージです．

郵便事情が良くない地域のDX局や大量のQSLカードの作成などがままならない発展途上の地域のDX局，外国人が現地のコールサインを取得してDXバケーションなどのホリデー・スタイルで運用している場合，大規模DXペディションのケースなどでよくQSLマネージャーが登場します．

QSLマネージャーによっては，返送用の郵便料金の指定があったり，オンライン上で郵送料を受け付けていたり，指示事項があったりするので，チェックしておきましょう．

● まずは情報収集

普段の交信なら，QSLカード送付先を交信時に確認すればよいでしょう．「QSLカードの交換をしたいので，どこに送ればよいですか？」とたずねれば，DX局が希望する方法を伝えてくれるでしょう．しかし，1秒たりとも無駄にしたくないコンテスト中や，パイルアップ中のDXペディション局の場合は，事情が異なります．場の空気を読まずに安易にこの手の質問を繰り返されると，貴重な時間の浪費となり，また何度も同じことを言わされるDX局側もうんざりしてしまいます．DX局とのQSLカード交換は，DX局が指定する送り先と送る手段を確認するところから始まります．

● QSLカードの送付先を調べる

QSLカード送付先情報は，無線雑誌やインターネットなどから容易に得られます．たとえばCQ ham Radio誌には「QSL Information」のコーナーがあり，QSLマネージャーやQSLカードの送付先の情報が毎月掲載されています．

インターネット上でも，QSLカードの入手方法や郵便の送り先情報が得られます．コールサイン・データベースWebサイト「QRZ.com※6」では，DX局の詳細な情報が掲載されていて，QSLカードの請求先も記載されています．

さらに，コールサインをキーワードにして，検索サイトで検索するのも一つの方法です．目的とするDX局のWebサイトが見つかれば，QSLカードの情報は簡単に手に入るでしょう．また，実際にQSLカードを手にした人の情報が見つかるかもしれません．これも参考になります．

パイルアップに参加する前からしばらくワッチしたり，交信後もワッチすることも大切です．時々，QSLインフォメーションが流されることがあるので，これをよく聞きましょう．

さらにDXクラスターのスポット情報を見てみましょう．一言コメント欄に，そのDX局のQSLインフォメーションが書き込まれていることもあります．

※6　http://www.qrz.com/

Chapter 01　DX初心者に贈る HF帯海外交信ガイド

● QSLビューロー経由で交換する

　QSLカード交換の際は，JARLのQSLカード転送サービス（QSLビューロー）を利用するのが便利です．QSLカードの到着までには時間がかかりますが，郵送料がかからないのがうれしいところです．JARLのWebサイトにある「QSLカードの転送 その仕組みと，ご利用にあたってのお願い[※7]」を参考してください．

　ただし，QSLビューローを利用してQSLカードを送れない局もいます．ビューローを利用していない局やその国や地域のビューローが活動を停止していたり，そもそもビューローが存在していないこともあるからです．

　このときは，直接QSLカードを郵送する「ダイレクト」と呼ばれる方法で送るのが一般的です．

※7　http://www.jarl.or.jp/Japanese/5_Nyukai/qsl_buro.htm

● ダイレクトでQSLカードの交換を行う

　早く確実にQSLカードを入手したい場合や，事情によってQSLビューローが利用できないハムとQSLカードの交換を行いたいときは，直接QSLカードを郵送します．このときも直接本人に送る場合と，QSLマネージャーに送る場合の2通りがあります．

　一般的に，ダイレクトでQSLカードを交換する方法は，返送先の住所を記載した返信用の封筒と返送のための郵便切手（またはIRC）を同封してQSLカードを送ります．これをSASE（Self Adressed and Stamped Envelopeの略）と

Column 03　QSLマネージャー泣かせの封筒とは

　大型DXペディションには参加したことはありませんが，筆者もDXバケーションなど，ホリデー・スタイルの運用を何度か行ったことがあります．現地から帰国したら，すでにQSLカードのダイレクト請求が郵便で届いていたりすると，その方の熱の入り方を感じるとともに，この方は私と交信して喜んでもらえたと，こちらもなんともうれしい気持ちになります．ホリデー・スタイルの運用といえども，うれしいことに一度のDXバケーションで，おおよそ50～100通程度のダイレクト請求を受け取っていました．

　ただ，QSLカードもでき上がり，いざ返送となったとき，返信用封筒の形状によっては，作業に思わぬ手間がかかることがあるのです．SASE用の封筒選びの際，ちょっと意識するだけでQSLマネージャの手間が大きく減らすことができます．ご参考までに．

① 封筒サイズが小さい

　特に欧米からのSASEにこの傾向があります．日本のQSLカードは，はがきサイズが一般的ですが，海外のQSLカードは一回り小さいものが主流のようです．そのため，はがきサイズでQSLカードを作成すると，返信用封筒にQSLカードが入らず，カードを二つ折りにするか，周囲の余白を切り詰めるか思案することとなります．

　ただ，中には自分が送ってきたQSLカードのサイズよりも，小さい返信用封筒を送ってくることもあり，複雑な心境になってしまうこと もありました．

　あまり大き過ぎても別料金が発生するのでいけませんが，はがきサイズが入る程度の封筒を同封するのがよさそうです．

② 封の部分が三角ベロタイプの洋封筒

　粘着シールが付いているものならまだいいのですが，問題は糊付けタイプです．うっかりのりがはみ出そうなもののら，QSLカードにのりが付いて，封筒とカードが張り付いてしまいます．慎重に糊付けするとともに，QSLカードのレポート欄のある側が糊付けされない向きで入れる配慮も必要で，なんとも厄介です．

　封の部分がまっすぐで糊付けのしやすい封筒が，望ましいでしょう．

アマチュア無線運用ガイド | 39

呼びます．

　SASEを送る際に必要なものは，相手局へ送る封筒と切手，QSLカード，返信用切手（IRCなど），返送先の住所を書いた封筒です．返送先の住所は，日本語を併記しておくことをお勧めします．これは，国内の郵便配達員の方への配慮です．

　SASEの作るために必要なものを**写真1-5**に示します．返信用封筒には，必要な額の相手局の国の切手を用意できるとよいのですが，現実的には米国など一部の国を除き，相手国の切手を入手するのは困難です．そこで，返信用切手を用意する代わりに次のような方法があります．

① **IRC**（International Reply Coupon　国際返信切手券）**を同封する**

　IRCは，郵便局に持っていくと一枚で航空便で送ることができる封書一通分の切手と引き換えてもらえるクーポン券です．しかし，一部の国ではIRC1枚では料金不足ということで，枚数が指定されていることもあります．さらに，IRCの取り扱いがない国もあります．IRCを受け取ってもらえるかどうかは，Webサイトなどでチェックするのがよいでしょう．IRCには有効期限があるので，期限切れや期限切れ寸前（郵便の到着が遅れると途中で期限切れになる恐れがある）のIRCは送らないように注意が必要です．

　IRCは郵便局で購入できます（1枚150円）．ただし郵便局の窓口では「IRC」と言っても通じないことが多いので，「国際返信切手券」と伝えると話が早いでしょう．

② **US1ドル札を同封する**

　俗称グリーン・スタンプとも呼ばれ，その国の郵便料金に見合う為替レートを考慮した額のUS1ドル札を同封する方法です．しかし，筆者はこの方法をお勧めしません．万国郵便条約に違反する恐れもあるうえに，郵便事情の悪い国では持ち去り事故のリスクを高めることになります．

写真1-5
SASEを送るために用意するもの
往信用封筒（左上），返信用封筒（左下），送付するQSLカード（右上），IRC国際返信切手券（右下）

Chapter 01　DX 初心者に贈る HF 帯海外交信ガイド

● ダイレクトで QSL カードを交換する際に気を付けたいポイント

　ダイレクトでの QSL カード請求時に怖いのは郵便事故です．交信相手や QSL マネージャーに QSL カードが届かなければ，どうしようもありません．郵便事情が悪い国では，郵便物の中身を抜き取られてしまうことがよくあります．しかもアマチュア無線家からの郵便物は，ターゲットにされることが多いとか．

　郵便持ち去りの事故のリスクを下げるためにも，封筒にコールサインを記載したり，いかにもアマチュア無線家からの郵便と知らしめる，無線を連想させるようなスタンプやシールは使用しないのが無難でしょう．目立つエアメール用の封筒を使わずに，普通の茶色の封筒を使うこともリスクを下げる一つの方法です．

● O.Q.R.S. で QSL カードを請求する

　DX 局や QSL マネージャーの Web サイト内の QSL インフォメーションに「O.Q.R.S.（Online QSL Request Service）」の案内が出ていることがあります．O.Q.R.S. とは，インターネット上で QSL カードを請求するシステムです．Web サイト上で交信データを入力し，Paypal（インターネットを使ったオンライン決済システム）などで料金の支払いを完了させれば，郵送で QSL カードを送ってもらえる仕組みです．相手局側で返信用封筒の準備もしてもらえることから，SASE 同封のダイレクトでの請求と比べると，コストは若干割高となるようです．QSL マネージャーによっては，ビューロー経由で送ってもらうことも可能です．その場合は料金が減額される場合もあります．料金や送付方法はそれぞれの局によって違うので，O.Q.R.S. 利用時に DX 局や QSL マネージャーの Web サイトに記載されている案内を確認してください．

図 1-28　海外局あての QSL カードの例

● 海外局あての QSL カード記載時のポイント

　ここでは，海外局あての QSL カードを記入する際のポイントを説明します．海外局あての QSL カードの例を図 1-28 に示します．

① 交信日時

　海外局あての QSL カードには，交信時刻を「協定世界時 UTC」で記載します．UTC は「日本標準時 JST」のマイナス 9 時間です（表 1-3）．交信時刻欄に UTC/JST の区別があれば，JST を二重線で消しておきます．

　交信時間が JST の 0000 から 0859 のとき，UTC では日付が JST の前日になるので注意が必要です．

表 1-3 JST/UTC 換算表

JST	0	1	2	3	4	5	6	7	8	9	10	11	12	13	14	15	16	17	18	19	20	21	22	23
UTC	15	16	17	18	19	20	21	22	23	0	1	2	3	4	5	6	7	8	9	10	11	12	13	14

② モード

モードの欄は「SSB」「CW」といった表記で記入します．「J3E」や「A1A」という電波法上の電波型式の表記では，理解されないため使用しません．

③ コールサインの転送枠

QSL ビューロー経由で DX 局に送る場合は，転送枠に相手局のコールサインを記入します．ただし，QSL マネージャーあてに送る場合は少し異なります．「To Radio」に交信相手のコールサインを記入し，コールサインの転送枠に QSL マネージャーのコールサインを記入します．転送枠のすぐ上には「VIA」を書き加えます．

④ データ面にも自局のコールサインを入れておく

データ面にも自局のコールサインが書いてあると，QSL カード発行作業時にコールサイン確認の手間が省けます．ちょっとしたことですが，大量の QSL カードを発行する QSL マネージャーにとっては，作業負担が軽減されるのでありがたい気遣いです．

1-10　一度は行ってみたい　DX バケーション

アマチュア無線局が少ない国や地域，無人島などに出かけていって，世界中のハムにサービスすることを DX ペディションといいます．そこまで大げさではなくても，海外の観光地やリゾート地などに出かけてアマチュア無線を楽しむことを，ホリデー・スタイル運用といったり，DX バケーションと呼んでいます．

DX バケーションでは，日ごろ DX 局を呼ぶ側の立場から自分が DX 局となって，たくさんの局に呼ばれたり，自宅では使えないような高級なリグや大きなアンテナなどを備えたレンタル・シャックを利用したり，現地のハムと親睦を深められたりと，さまざまな楽しみ方ができます．

● 無線機材はどうするのか？

無線を運用するだから，無線機とアンテナは必要です．幸いなことに近年のコンパクト機は，ずいぶん小さく軽くなりました．旅行かばんに十分収まるサイズです．アンテナも移動用に適した製品が，アンテナ・メーカー各社から販売されています．オート・アンテナ・チューナと釣り竿アンテナの組み合わせなら，ホテルのベランダからQRV も簡単です．

さらに，スキー場でレンタル・スキーがあるように，旅先で無線機とアンテナ設備をシャック丸ごと貸してくれる，レンタル・シャックというシステムも存在します．中にはリゾートホテル内に，本格的なレンタル・シャックが用意されているところもあり，手ぶらで出かけて，リゾートを楽しみながら快適にパイルアップを満喫できそうです．

● 免許はどうするのか？

相互運用協定と呼ばれている，日本の免許を基に相手国のアマチュア無線の免許を発給してもら

Chapter 01　DX初心者に贈る HF帯海外交信ガイド

表1-4　相互運用協定を結んでいる国と手続き

	相互運用協定 (日本とアマチュア無線資格の 相互認証を合意している国)		その他
免許申請	不要	必要	必要
対象国	アメリカ合衆国 フランス オーストラリア	ドイツ カナダ 韓国 フィンランド アイルランド ペルー	左記以外の国
備考	フランス，オーストラリアは入国から90日間まで，米国は基となる免許の有効期間まで	フレンチポリネシアなどフランス海外県の一部は免許申請が必要	発給は相手国の主管庁の判断次第

う方法があります．日本と相互運用協定を結んでいる国（日本とアマチュア無線資格の相互認証を合意している国）同士では，定められた申請手続きを踏めば，相手国のアマチュア無線の免許が発給されます．さらにアメリカ，オーストラリアやフランス（一部例外あり）の場合，特に免許の申請手続きをしなくても，現地でアマチュア無線が運用できる，ありがたい制度があります（**表1-4**）．もちろん，有効期限やコールサイン，地域によっては出られるバンドや周波数に制限があります．

　日本の免許を基にした申請では，許可されない国が少なからず存在することは事実です．ただ，今までの免許許可の前例などから，申請をすれば免許がもらえる国もある程度存在します．各国の免許については随時変更されるので，ターゲットの国が決まったら，その国の監督官庁のWebサイトを調べたり，その国のアマチュア無線連盟などに問い合わせたり，CQ ham radioに掲載された過去の運用記事など読み返してみると，手がかりがつかめるでしょう．

　世界各国の免許申請の情報はインターネットなどから調べることもできます．たとえば「World wide Information on Licensing for Radio Amateurs by OH2MCN[※8]」などが老舗です．ですが一番いいのは，実際にその国から運用を行った経験をお持ちのOMさんに問い合わせをしてみて，いろいろなノウハウなどをたずねてみることだと思います．

※8　http://www.qsl.net/oh2mcn/license.htm

● 運用スケジュール

　限られた滞在時間を有効に使い，充実したDXバケーションを楽しむため，より現実的な運用スケジュールを練ってみましょう．運用したいバンド・モードや，自分がQRVできそうな時間帯は何時ごろで，その時間帯はどのバンドでどこの地

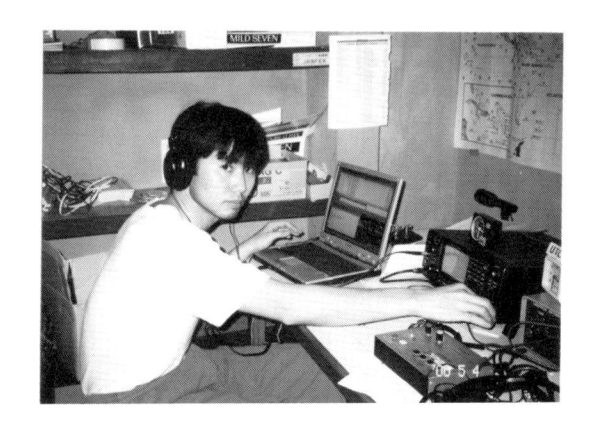

域がオープンする可能性が高いのかなどを検討してみると，持って行く機材など具体化しやすいでしょう．

● 荷物と通関

行き先が決まり，ライセンスがクリアできる目処が立ったら，持っていく荷物と通関について検討しましょう．つい欲が出ていろんな物を持っていきたくなりますが，「必要」「念のため」「あると便利」などの優先順をつけて取捨選択しておきましょう．

国によっては，無線機材の税関申告や無線機の持ち込み許可書が必要なケースがあります．また税関で説明を求められた場合に備えて，説明用の資料やインボイスを準備しておけば安心です．

現地についたら，あとは出たとこ勝負です．状況次第で臨機応変に対応して，DXバケーションを楽しみましょう．

海外運用やレンタル・シャックの情報については，CQ ham radio でときどき取り上げられているで，参考にしてみてください．FB DXing！

1-11　HF帯の奥深さを実感してください

海外局との交信経験はほとんどないけれど，国内交信の経験はある程度お持ちという方を想定して，ビギナーが知っておきたい基礎知識をまとめました．どの項目もこれがすべてはなく，最低限知っておいたほうがよいというエッセンスにとどめているので，実際にチャレンジしてもっと興味が出てきたら，ぜひご自身でも調べたり経験を積んでください．きっと，HF帯の奥深さや面白さがさらに実感できることでしょう．

バンドプランなどは変更されることがあるので，JARLのWebサイトなどで最新の情報をご確認ください．

HF帯での海外局との交信は，ちょっぴり難しそうなイメージで，興味はあったけどチャレンジするには躊躇していた方に，本稿が一歩を踏み出してもらえるきっかけとなれば幸いです．

〈JJ2NYT　中西　剛　なかにし　つよし〉

Chapter 01　DX 初心者に贈る HF 帯海外交信ガイド

Column 04　フォネティック・コードの発音

　DX 局をコールしたとき，コールサインをなかなかコピーしてくれないことがあります．コールサインをコピーしてもらえないと，交信そのものが始まりませんね．
　特に，ネイティブ・スピーカーにその傾向があるようです．来日経験のある外国人の方は，日本人の発音に慣れているようですが，ネイティブ・スピーカーには聞き取りにくいようです．
　そこで，英語らしい発音を意識してコールしてみてください．特にイントネーションは大事です．ほかの発音が多少怪しくても，イントネーションさえしっかり合っていれば，意外と理解してもらえるものです．表 1-A に発音とイントネーションの位置を示します．太字部分を強く発音してください．イントネーションのある位置です．
　このほかにも英語らしく聞こえる例をいくつか挙げましょう．

- 後ろに母音が付かない「L」は小さく「ゥ」と発音する．
  例を挙げると「アゥファ(ALFA)」，「デゥタ (Delta)」，「ゴゥフ (Golf)」，「ホテゥ (Hotel)」です．
- 「R」で始まる単語は頭に軽く「ゥ」を付けて舌を軽く巻いて発音する．
  例を挙げると「Romeo」は「ゥロゥミォゥ」です．
- 「F」と「V」は上の歯を下唇に触れさせて発音する．
- 単語の最後にある「t」は発音しない．

など…．
　以上のようなことを意識して，発音してみてください．それぞれの単語は，変に伸ばしたりつなげたりしないように！ キビキビと発音すれば，了解度が向上するでしょう．
　これまで，なかなかコールサインをコピーしてもらえなかった方は，ぜひお試しください．

〈CQ ham radio 編集部〉

表 1-A　フォネティック・コードの発音とアクセント

A	Alfa	ア**ゥ**ファ	N	November	ノゥ**ヴェ**ンバァ
B	Bravo	ブ**ラ**ァヴォゥ	O	Oscar	**オ**スカ
C	Charlie	**チャ**ァリ	P	Papa	パ**パ**ァ
D	Delta	**デ**ゥタ	Q	Quebec	ケ**ベッ**
E	Echo	**エ**コゥ	R	Romeo	**ロ**ゥミオゥ
F	Foxtrot	**フォ**クストロッ	S	Sierra	シ**ア**ラ
G	Golf	**ゴ**ゥフ	T	Tango	**タ**ンゴゥ
H	Hotel	ホ**テ**ゥ	U	Uniform	**ユ**ニフォーム
I	India	**イ**ンディア	V	Victor	**ヴィ**クタ
J	Juliett	**ジュ**リエッ	W	Whiske	**イ**スキー
K	Kilo	**キ**ーロゥ	X	X-ray	**エ**クスレイ
L	Lima	**リ**ィーマ	Y	Yankee	**ヤ**ンキー
M	Mike	**マ**イッ	Z	Zulu	**ズ**ールー

Chapter 02
「・」と「ー」でコミュニケーション アマチュア無線の世界が広がる モールス通信

　この章では，これからモールス通信（CW）を始めようと考えている方に，モールス符号の覚え方からお空にデビュー，そして簡単なラバースタンプQSOまでを紹介します．

　モールス通信には，特殊な技能が必要で難しいと思われがちですが，そんなことはありません．誰でもできるようになります．最近楽しむ方が増えているモールス通信に，ぜひチャレンジしてみてください．

　本章は，モールス通信に初めて挑戦される方を対象にしているため，和文モールス通信については割愛します．

2-1　モールス通信を始めるにあたって

　モールス通信は，かつて短波帯の業務局でも通信の中心を担っていましたが，現在はより確実で大容量の通信が行える衛星通信が普及したため，ほとんど姿を消してしまいました．

　しかし，アマチュア無線の世界では，「弱い信号でも交信ができる」「交信がシンプル」「モールス符号を使って行う交信そのものが楽しい」などの理由で，モールス通信は廃れるどころか，運用者が増加傾向にあります．

　その背景には，モールス通信そのものの魅力もさることながら「各種のアワードの完成を目指すため」「コンテストに参加するため」などということも大きな要因です．

　また，アマチュア無線技士免許国家試験から，モールス符号受信の実技試験が廃止されたことも大きな要因だと考えられます．モールス通信が運用できる上級免許を取得しやすくなったことも，運用者が増加する一因でしょう．

　SSBやFMなどの電話モードと違い，モールス通信を行うためには，それなりのトレーニングが必要なことも事実です．でも，モールス通信は，特殊技能でも何でもなく，必ず誰でもできるようになります．楽しみながらトレーニングをしてください．

　符号を覚えてある程度受信ができるようになると，さぁモールス通信デビューです．しかし，無線機と電鍵を前にいざ交信しようと思っても，不安がいっぱいで「やっぱり今日はやめておこう…」ということもあるでしょう．

　しかし，勇気を持って電波を出してみてください．一度交信してしまえば，自信がついて，モールス通信へのモチベーションが，さらに高まりま

す．それが上達への近道です．
　初めて交信するまでは不安がいっぱいだと思いますが，本章ではそんなモールス通信デビューのお手伝いをします．

2-2　モールス通信の魅力

　モールス通信を楽しんでいる方に，どんなところが楽しいか聞いてみました．
　「弱い電波でも遠くまで飛んでいくから」
　「英語がわからなくてもDX局と交信できる」
　「静かに交信できるので，深夜でも家族に迷惑をかけない」
　「コンテストで入賞するには電信が必要だから」
　「アワードを完成させられるから」
　「いかにシンプルでわかりやすい文を送信するか，考えながら交信するのが楽しい」
　「相手の気持ちが符号に乗って伝わってくる」
　「なんとなくカッコいい」
など…．
　これらすべてが，モールス通信の魅力と言っていいでしょう．

● モールス通信の何が楽しい

・世界が広がる感覚

　モールス通信を始めると，とにかく弱い信号でも交信できることに驚くでしょう．「相手の信号がこんなに弱いのだからきっと無理だろうな」という状況でコールしても，結構コールバックがあるものです．これまで，SSBで交信していたときよりも3倍以上遠くまで電波が届くような錯覚に陥ります．
　CWモードなら，QRP 5 Wにモービル・ホイップという設備でも，電波は海を越え遠い別の大陸まで届くこともよくあります．3アマに許されている50W出力とオート・アンテナ・チューナを使った釣り竿アンテナなら，世界中の局と交信できるようになるでしょう．もちろん，コンディションやパイルアップの状況にもよりますが，想像以上の成果にびっくりするに違いありません．
　これまで，SSBでは遠方の局となかなか交信できなかったという方も，きっと遠い国の局とも交信できるようになるでしょう．

・英語がわからなくても交信できる

　SSBでの交信の場合，外国人のネイティブな発音が聞き取れず，コールサインすらコピーできないこともあります．しかし，モールス通信ならそんな心配は無用です．
　アマチュア無線のモールス通信は，基本的に英語で行われています．これは国内交信も海外交信も同じです．アルファベットのモールス符号は万国共通なので，相手の符号を聞き分けられないということはありません．しかも，定型文で交信すれば，国内交信と同じ感覚で海外交信も行えます．
　これまで言葉の問題で海外の局と交信できなかったという方は，ぜひモールス通信にチャレンジしてみてください．あっけないほど簡単に交信できることでしょう．

・静かに交信できるというメリット

　SSBでの交信では，深夜に「じゃぱ～ん…」と叫ぶのは，はばかられます．しかし，モールス通信なら電鍵の「コツコツ」や「カチャカチャ」

という音だけです．メモリー・キーヤーやパソコンを使って交信するなら，その音さえ出ません．騒音を気にして運用できなかった方にも，最適なモードです．

- コンテストでは電信を外せない

JARLが主催するいわゆる4大コンテストを含め，毎週末のように国内コンテストが行われています．特にHF～50 MHz帯の種目では，参加者が電信に大きなウエイトを置いています．多くの種目で，電信部門が電信電話部門の参加者を上回っていることからもわかります．

長時間運用が必要なコンテストでは，コンテスト・ロギング・ソフトウェアを利用した電信の運用をすることにより，体力的な負担が軽減できるというのもその理由の一つです．また，電信電話部門で上位入賞を目指す局にとっては，電信部門への参加局との交信が，スコア・アップのために必須条件です．

海外コンテストでは，言葉のハンディキャップがなくなるので，交信数を大きく伸ばせるでしょう．さらに弱い信号でも交信しやすいことから，アパマン・ハムにも海外交信のチャンスが大きく広がります．All Asian DXやCQ WW WPX，CQ WWの各コンテストがお勧めです．

- アワードの完成を目指すために

近年，7 MHz帯を中心として各種アワード向けの移動運用がにぎわっています．この移動運用にもCWモードが活用されています．

特に7 MHz帯では，SSBバンドは常に混雑していて，なかなか電波を出せる周波数が見つかりません．その点，CWモードであれば空き周波数を見つけやすいうえに，弱い信号でも交信できることなどから，CWモードを好んで移動運用を行う局がバンド中をにぎわせています．これらの局は，各地からアクティブに移動運用を行っているので，アワードの完成を目指している方は，必然的にCWモードの運用に目を向けることになります．CWモードはアワード完成の近道になります．

- そのほかにも

CWモードの交信は，なるべく簡潔な内容で相手に確実にわかってもらえるように工夫しなければなりません．SSBやFMでの交信のような冗長な通信は，送信側も受信側も疲れてしまいます．どうすればいかに簡潔かつ確実にこちらが伝えたい内容を送れるかを，相手局に合わせた内容を考えながら送るのも一つの楽しさです．

CWモードで交信していると，不思議と相手の感情が伝わってきます．喜んでいたり戸惑っていたり，笑っていたり…．「電信」を「伝心」と表現される方もいますが，まさにそのとおりです．CWモードで運用を重ねて，ぜひこの感覚を楽しんでください．

- すべてを伝えられないもどかしさも

その一方，「伝えたいことを伝えられないのがもどかしい」という声もあります．自分の送信スキルもさることながら，交信相手の受信スキルもわからないので，自分が送信した内容を理解してもらえたかどうかがわからないという不安も残ります．

- でもやっぱり憧れのモールス通信

モールス通信は，相手局に伝えられる内容が少ないだけに，いろいろ工夫して通信を行います．それが大変なことであると同時に，大きなやりがいであることに間違いありません．

また，記念局の公開運用などで，電鍵を叩いて

Chapter 02 「・」と「―」でコミュニケーション アマチュア無線の世界が広がるモールス通信

パイルアップをさばく姿をカッコいいと思うこともあるでしょう．自分もそうなってみたいと思いませんか？

モールス通信は，誰もが楽しめるようになるものです．憧れの対象からの脱却を目指し，ぜひ頑張ってみてください．

2-3 モールス通信を楽しむために必要なもの

モールス通信を楽しむために必要なものを説明します．

● 3アマ以上のライセンス

モールス通信を楽しむためには，第3級アマチュア無線技士（以下，3アマ）以上のライセンスが必要です．ハンディ機の中には，モールス符号のIDを出す機能を備えている機種もありますが，この機能を使うためにも3アマ以上のライセンスが必要です．

現在は，すべての級のアマチュア無線技士国家試験から，モールス符号聞き取りの実技試験は廃止されています．上級資格取得のハードルが大きく下がったので，まず，モールス通信ができる資格を取得してください．

● 電鍵

モールス通信を運用するために，まず用意するものは電鍵です．パソコンとソフトウェアを使っ

てもモールス符号を送出する方法もありますが，初めのうちは電鍵を使用して，モールス通信の基本を覚えてほしいと思います．

電鍵にはいろいろな種類があり，それぞれに特徴があります．これらを簡単に説明しましょう．

・ストレート・キー（縦振れ電鍵）

最も基本的でシンプルな電鍵です（**写真2-1**）．電鍵というとまずこの形を思い浮かべます．動作の基本は，レバーを上下に動かして，スイッチをON/OFFするだけです．自分の腕だけで符号を送出するので，途中で送出スピードを変えたり，長点を少し伸ばしたりするなど，自由自在な符号を送出できます．ただし，正確な符号を出すためには，それなりのトレーニングが必要です．

・シングル・レバー・パドル

1枚のレバーを左右に動かして符号を送出させる電鍵です（**写真2-2**）．電気的にモールス符

写真2-1　ストレート・キー

写真2-2　シングルレバー・パドル

号を送出させるエレクトリック・キーヤーにつないで使用できるほか，左右の端子をショートさせて複式電鍵としても使用できます．

複式電鍵とは，ストレート・キーのレバー動作を左右に置き換え，左右両側にある接点にタッチさせて符号を送るものです．ストレート・キーに比べると，符号送出の動作にロスがなく，負担が軽減できます．

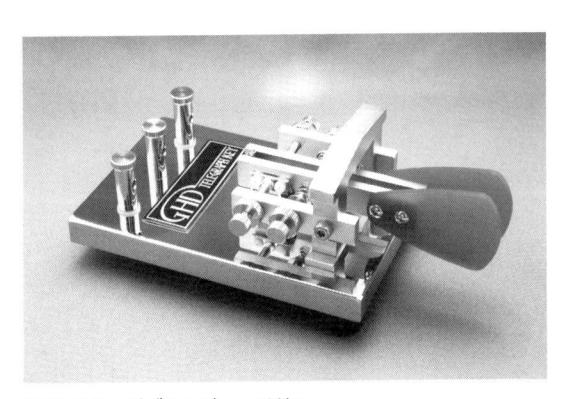

● ダブル・レバー・パドル

ダブル・レバー・パドルは，初心者にお勧めしたい1台です（**写真 2-3**）．基本的に，エレクトリック・キーヤーと接続して使用します．ダブル・レバー・パドルの左右のレバーには，それぞれ独立した接点があり，両方のレバーをつまむようにして操作します．左右のレバーを同時につまむと両方の接点が閉じ，長点と短点が交互に送出されるので（エレクトリック・キーヤーの機能によっては異なる動作をする），効率的に符号を送出できます．

エレクトリック・キーヤーを利用すると，短点と長点の割合が1：3のきれいな符号が出せます．運用時に余裕がないモールス通信ビギナーにとっては送信時の負担が減るので，交信数が増えて上達の近道になるでしょう．

● バグ・キー

長点は手動で送出し，短点を機械的に連続して送出できる電鍵です（**写真 2-4**）．とても味のある電鍵ですが，きれいな符号を出せるようになるまでは，相当なトレーニングが必要です．バグキーを好んで使うベテラン・ハムも多いですが，モールス通信ビギナーには不向きだと考えられます．

● メモリー・キーヤー

エレクトリック・キーヤーに，メッセージのメモリー機能を持たせたものを，メモリー・キーヤー（メッセージ・キーヤー）と呼びます．ボタンを押すだけで定型文を送出できるので，交信時に大きなサポートをしてくれます．

メモリー・キーヤーを内蔵した無線機も一般的になってきており，パドルを無線機に接続するだけで，メモリー・キーヤー使用した運用ができます．

一方，外付けのメモリー・キーヤー（**写真 2-5**）にも根強い人気があります．メッセージの記録や

写真 2-3　ダブルレバー・パドル

写真 2-4　バグ・キー

Chapter 02 「・」と「―」でコミュニケーション アマチュア無線の世界が広がるモールス通信

速度の調整を行いやすいので，外付けのメモリー・キーヤー利用して，アクティブにCWモードを運用するハムも多く見かけます．

●PCのキーボード

PCをトランシーバに接続し，モールス通信用ソフトウェアを利用して，キーボードからモールス符号を送出する方法もあります．間違いのない符号が送出できるので，コンテストやDXペディションなどのシリアスな運用に有効です．

一例を挙げると，JG5CBR 中茂さんが頒布する「USBポート接続型アマチュア無線用インタフェース USBIF4CW[1]（写真2-6）」は，専用のソフトウェア「USB-Keyer」と一緒に利用することで，PCのキーボードからモールス符号を送出できます（図2-1）．さらに，ロギング・ソフトウェア「Turbo HAMLOG for Windows[2]（図2-2）」とは，専用のソフトウェア「USBIF4CW 連携 for HAMLOG」と組み合わせることで，CWモードの運用が可能になります．コンテスト用ロギング・ソフトウェア「CTESTWIN[3]（図2-3）」は，USBIF4CWに対応しているので，接続すると交信状況に応じた符号を送出でき，効率的な運用が可能になります．

● オススメはメモリー・キーヤーの使用

電鍵は，モールス符号を送出するためのツールとして，どのタイプにもそれぞれ魅力的な良さがあります．しかし，CW初心者にはきれいな符号を出しやすいダブルレバー・パドルとメモリー・キーヤーを組み合わせて使用することをお勧めします．

ストレート・キーやバグ・キー，複式キーは，それぞれモールス符号送出ツールとしてとても魅

写真2-5 メモリー・キーヤー

写真2-6 USBポート接続型アマチュア無線用インターフェース USBIF4CW

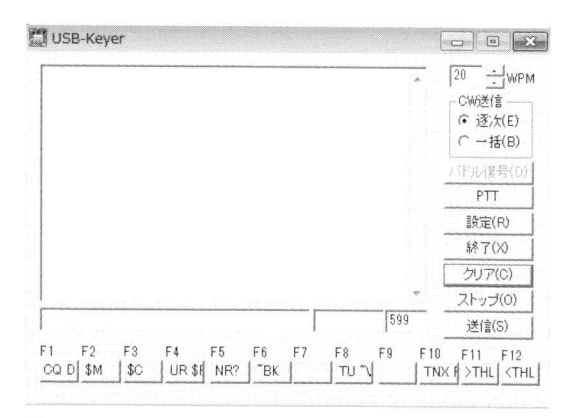

図2-1 USB-Keyer

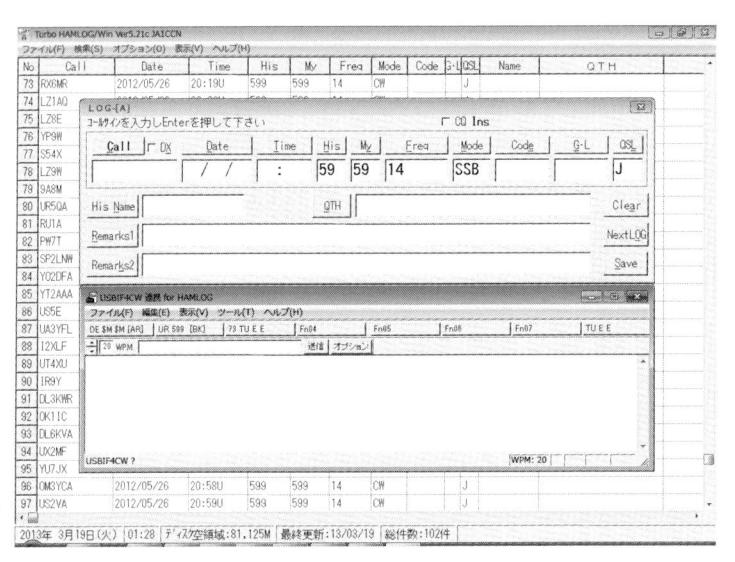

図 2-2
USBIF4CW 連携
for HAMLOG

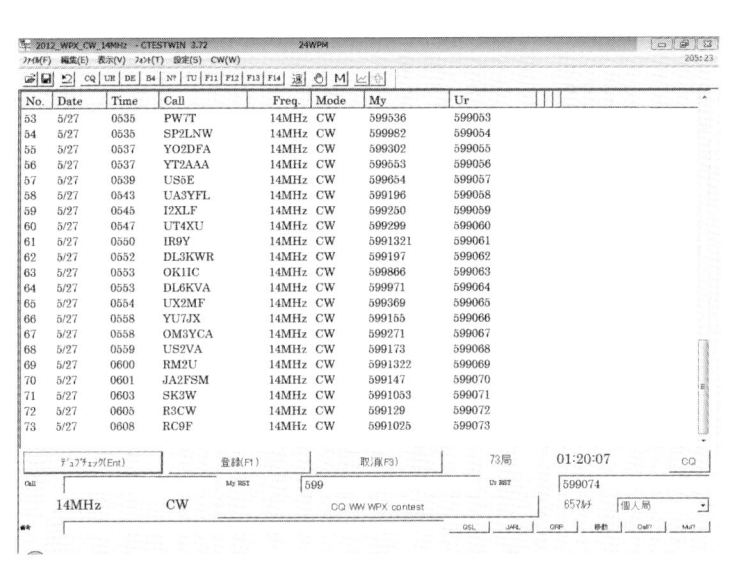

図 2-3
CTESTWIN

力的ですが，正確な符号を出せるようになるには，相応のトレーニングが必要です．運用時に余裕がない CW ビギナーには，符号の送出に集中するためにも，メモリー・キーヤーの利用をお勧めします．

CW モードで運用できる無線機のほとんどの現行機種には，メモリー・キーヤー（またはエレクトリック・キーヤー）機能が搭載されています．まずは，ここから始めるとよいでしょう．

※1　USBIF4CW…**http://nksg.net/usbif4cw/**
※2　Turbo HAMLOG for Windows…**http://www.hamlog.com**
※3　CTESTWIN…**http://www3.ocn.ne.jp/~wxl/Downlod.html**

Chapter 02 「・」と「―」でコミュニケーション アマチュア無線の世界が広がるモールス通信

2-4 モールス符号の覚え方/練習方法

　モールス符号の覚え方は，人それぞれいろいろだと思います．ただ一つ強くお勧めしたいのは，符号を耳で聞いて，音で覚えてほしいということです．

　アマチュア無線技士国家試験から，モールス符号受信の実技試験がなくなったため，モール符号を語呂合わせで表す「合調法（A＝アレーなど）」だけで覚える方もおられるでしょう．

　しかし，合調法はモールス符号自体は楽に覚えられるのですが，実際のモールス符号を受信したときに，大きな苦労が伴います．

　例えば，「トツー」という符号が聞こえた場合，一度頭の中で「・－」→「アレー」→「A」というプロセスを踏んで文字を認識してしまいます．余分なプロセスがあるため，どうしても符号の認識スピードが遅くなります．このため，実際の交信では交信スピードに追い付かなくなってしまうのです．

　交信ができるようになるには，音で符号を認識できるように，さらなる努力が必要になります．これからモールス符号を覚えるという方は，音でモールス符号を覚えることをお勧めします．

Column 05　パドルは左右どちらの手で操作するのがいいか

　「パドルを操作するのは左右どちらの手がいいですか？」という質問を受けることがあります．普通なら迷わず利き手を使うでしょう．しかし，利き手と逆の手を使うことをお勧めしたいと思います．以下は，右利きの方を対象に話を進めます．

● ログを取るために

　以前は，「右手はログを取るためのペンを持つので，左手でパドルを操作したほうがよい」というアドバイスを先輩ハムからもらったものです．先ほど質問があった方もどこかでこの話を聞いてきたのでしょう．この先輩ハムのアドバイスは，もっともなことだと思います．

　しかし，最近の運用スタイルでは，コンピュータ・ログの使用が一般的になってきているため「ペンを持つ手が…」というのは，重要視しなくても良さそうです．では，なぜ左手がいいのか？

● パドルの方向が逆の場合

　アマチュア無線をアクティブに運用していると，記念局やクラブ局などで運用する機会が出てくると思います．そのとき，用意されていたパドルの長点と短点の方向が，普段自分が運用している方向と逆の場合があります．

　例えば，普段は右手を使い，長点を親指（左レバー）短点を人差し指（右レバー）で操作しているとします．このとき，パドルの設定が，右レバーが長点，左レバーが短点という設定だったならどうでしょうか…．おそらく，まともな符号は出せないでしょう．

　では逆のケースはどうか．普段左手で操作していた場合，パドルの設定が逆だったら…．このときは，右手で打てばいいのです．左手と同じ動作を利き手で行えばいいので，これは意外とできるものです．パドルを左手で操作をできるようになっておくと，いろんな状況に対応できます．

　もちろん今でも紙ログを使うことがよくあります．移動運用や記念局運用では紙ログが使われるので，やはり，右手は空けておいたほうがいいでしょう．

　これからモールス通信を始めるなら，左手でパドルを操作できるようになっておくと便利です（写真2-A）．〈CQ ham radio 編集部〉

写真2-A　左手でパドルを操作できるといろいろな状況に対応できる

● 実際の交信に近いスピードで覚える

　モールス符号受信練習は，できれば実際の交信に近いスピードで行うことが理想です．以前，モールス符号受信の実技試験は，毎分25文字のスピードで行われていました．しかし，実際の交信は80字から100字前後で行われていることが多く，毎分25文字のスピードで受信練習をした方は，早いスピードのモールス符号が取れるようになるために，さらにトレーニングを積む必要がありました．

　最初から実情に近いスピード（毎分80字前後）で練習をしておけば，CWデビューが早まることでしょう．

● モールス符号を覚えるためのツール

　モールス符号を覚えるためには，いろいろな方法があります．近年では，PCソフトウェアの利用やWebサイトの利用，スマートホンのアプリケーションという方法もあります．また，モールス受信練習機の活用も有効です．以下に，それぞれのツールを紹介するので，自分に合ったツールを選び，受信練習に取り組んでみてください．

・モールス受信練習ソフトウェア

　モールス符号の受信練習ができるソフトウェアはインターネット上でたくさん見つかります．そんな中の一つを紹介します．

　JA7UHV 山瀬OMが製作した「電信の書き取り受信練習ソフト A1A Breaker（**図 2-4**）」は，充実したテキスト作成機能も搭載しており，バラエティに富んだ受信練習を行えます．ソフトウェアの操作も直感的に行えるのも好印象です．

　ソフトウェアのダウンロードは「Vector」の「A1A Breaker」のページ[※4]から行えます．

・PCサイトの活用

　モールス通信愛好者のクラブ「A1 CLUB」のWebサイト[※5]には，モールス通信に関するさまざまな情報が掲載されています．その中には，モールス符号の覚え方についても紹介されています．モールス・ミュージックは，音楽に合わせて

図 2-4
A1A Breaker

Chapter 02 「・」と「―」でコミュニケーション アマチュア無線の世界が広がるモールス通信

モールス符号を覚えようという，これまでにないユニークな方法です．

ほかにも，モールス符号の覚え方やエレキーの使い方など，練習方法も充実した内容なので，モールス通信を始めるなら一度は訪れてほしいWebサイトです．

- **スマートフォンの活用**

すっかり身近になったスマートフォンに，モールス符号受信練習アプリケーションがたくさんリリースされています．

「IZ2UUF Morse Koch CW」は，Android用のモールス符号受信練習アプリケーションです（**図2-5**）．大きな特徴は，単語の送出間隔を調整できること．早いスピードの符号でも，次に文字が送出されるまでの時間を長く取れるので，受信練習には最適です．

「IZ2UUF Morse Koch CW」は，Google Playストアから無料でダウンロードできます．

- **モールス受信練習機**

市販のモールス受信練習機の活用も有効です．各種電鍵の製造販売を行っているGHDキー[※6]から販売されている「NHC-05G ピコモールス（**写真2-7**）」は，ポケットに入るサイズのモールス受信練習機です．いつでもどこでも練習ができるのが魅力です．1分間に25字から125字までのスピードに対応するので，ビギナーの受信練習には最適です．

- **ハンディ機のCWトレーニング機能**

一部のハンディ機に搭載されている，CWトレーニング機能を活用しても面白いでしょう．

八重洲無線から発売されているVX-3，VX-6，VX-8G，VX-8Gには，CWトレーニング機能が装備されています．**写真2-8**は，VX-3のCWトレーニング機能です．持ち歩くことが多いハンディ機なので，ちょっとした時間を見つけて受信練習ができるでしょう．

図2-5　IZ2UUF Morse Koch CW

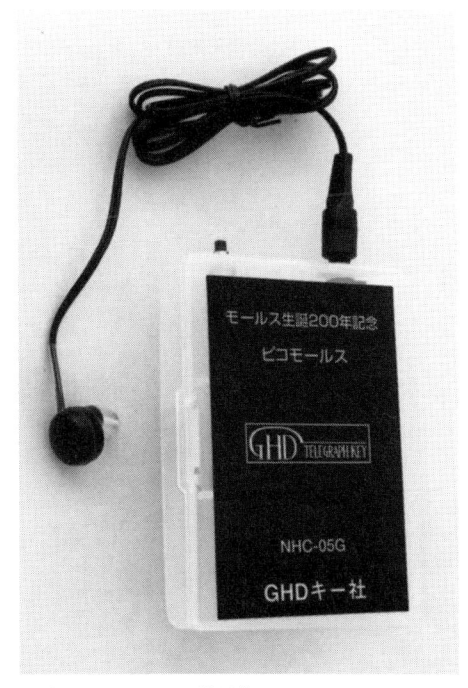

写真2-7　モールス練習機 NHC-05G

写真2-8　VX-3のCWトレーニング機能
左からメニュー画面，速度設定，送出された符号

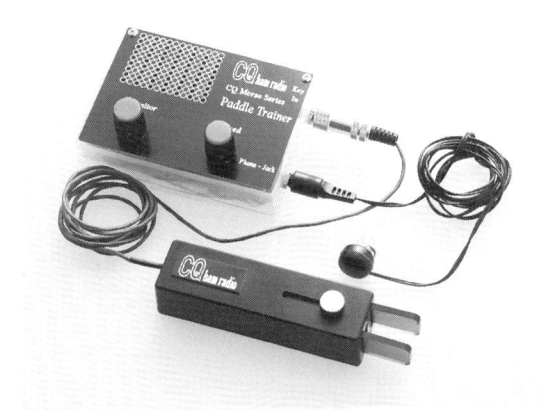

写真2-9　パドル送信練習機　Paddle Trainer

● 送信練習

　送信練習も忘れずに行いたいものです．パドルを無線機やメモリー・キーヤーにつなぎ，サイドトーン機能を活用すれば，簡単に練習ができます．また，CQ ham radioオリジナルのモールス送信練習機「Paddle Trainer（**写真2-9**）」や「Paddle Trainer Ⅱ」などの送信練習機を使っても練習ができます．

　p.64に示すラバースタンプQSOの例や，Webサイトに表示されている英文などを見ながら，符号を送出する練習をしてみてください．送信練習が受信の上達にも結び付くでしょう．

● 受信練習を行うときのワンポイント・アドバイス

・少しずつでも毎日練習する

　受信練習を行うにあたっては，少しずつでもいいので，毎日練習を続けてください．1回に何時間も練習したあとしばらくお休みするよりも，毎日10分ずつでもいいので，継続して練習することが重要です．これはモールス符号の受信練習に限ったことではありませんが，一度にたくさん練習するよりも，細々とで構わないので，毎日練習を継続することが上達につながります．

・楽しみながら覚える

　モールス符号を覚えることを，大変な訓練だと思わないでください．私たちは，モールス通信を楽しみたいのです．楽しいことをするための練習は，やっぱり楽しいはずです．覚えられた符号が増えていくのは，うれしいですよね．楽しみながら，自信を持って受信練習を続けてください．必ず先輩方と同じようにモールス通信ができるようになります．

※4　A1A Breakerダウンロードページ…http://www.vector.co.jp/soft/win95/home/se359994.html
※5　A1 CLUB…http://a1club.net/
※6　GHDキー…http://www.ghdkey.com/

Chapter 02 「・」と「―」でコミュニケーション アマチュア無線の世界が広がるモールス通信

2-5 モールス符号とQ符号，略語，RSTレポート

● モールス符号の成り立ち

モールス符号の短点と長点にはそれぞれ決まった長さがあります．短点一つが基本の長さで，長点は短点三つと同じ長さ．一つの符号の中にある点と点の間は短点一つ分．符号と符号の間は短点三つ分．単語の間は短点七つ分です（**図2-6**）．

この基本の長さを崩さないように，符号を送出できるように心がけてください．

欧文モールス符号と数字，記号を**図2-7**に示します．

● Q符号と略符号，RSTレポート

モールス通信を行うときは，略語（**図2-8**）やQ符号（**図2-9**）を利用して，簡潔な文章で送ります．この略語やQ符号はSSBやFMなどの電話モードでも使われているので，ご存じの符号もあるでしょう．

略語の中でアルファベットの上に線が引かれている符号は，文字の間を空けずに続けて送ります．例えば「AR」なら「・－　・－・」ではなく「・－・－・」とします．

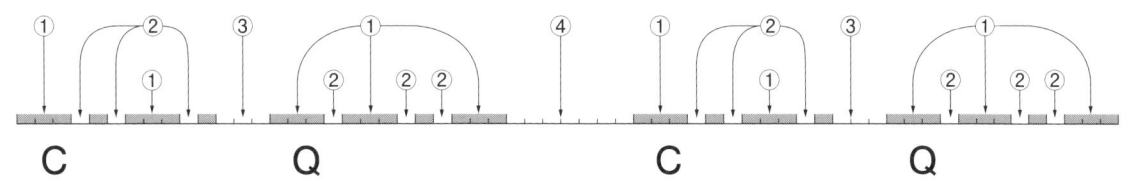

① 長点は短点三つ分と同じ
② 符号の中の点と点の間隔は，短点一つ分と同じ
③ 文字と文字の間隔は，短点三つ分（長点一つ分）と同じ
④ 単語と単語の間隔は，短点七つ分と同じ

図2-6　モールス符号の構成

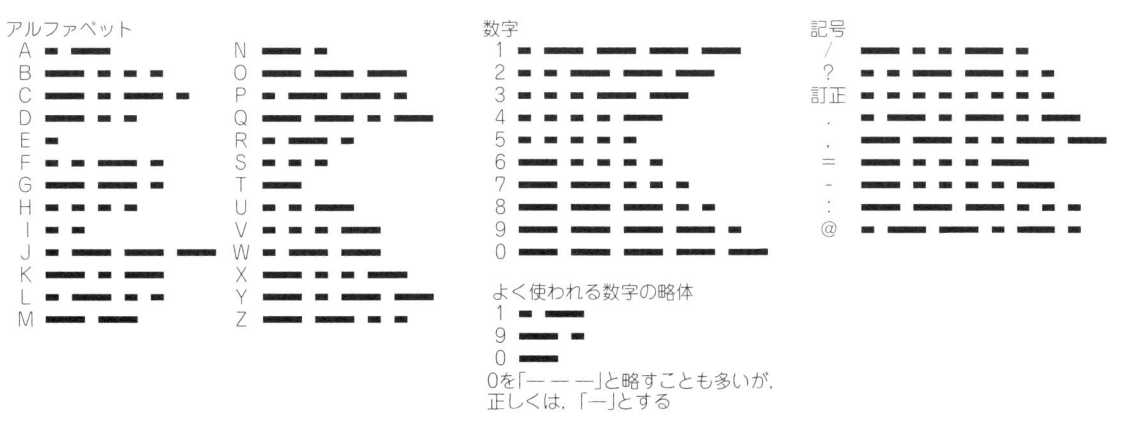

図2-7　モールス符号

略語	意味	略語	意味
ABT	About だいたい，およそ	LID	へたなオペレーター
AGN	Again もう一度，ふたたび	LTR	Letter 手紙
ANT	Antenna アンテナ	MM	Maritime mobile
AR	送信終了符号	**NIL**	送信するものがない
AS	待ってください	NR	Number 番号
BCNU	Be seeing you また逢いましょう	**NW**	Now いま，それでは
BK	Break 会話を中断すること	OK	同意する，よろしい
BT	同一伝送の異なる部分を分離する符号	OM	Old man 先輩
BURO	QSL ビューロー	OP	Operator オペレーター
B4	Before 以前に	**OSO**	非常通信であることを表す符号
C	肯定する，Yes	OT	Old timer 大先輩
CFM	Confirm 確認する	**PSE**	Please どうぞ
CL	閉局する	PWR	Power 電力
CLD	Called 呼ばれた	**R**	完全に了解
CLG	Calling 呼んでいる	RCVD	Received 受け取った
CU（L）	See you (later) また逢いましょう	RCVR	Receiver 受信機
CW	Continuous wave 電信	**RPT**	Repeat くり返す
DE	こちらは	REPT	Report レポート RPT の場合もある
DX	Distance 遠距離	SIG	Signal 信号
ES	And および	SKED	Schedule スケジュール
EX	ただいま試験中	**SOS**	遭難信号
FB	Fine bussiness すばらしい	SRI	Sorry 残念ながら，ごめんなさい
FER	For 〜について，〜のために	TMW	Tomorrow 明日
FM	From 〜から	TNX/TKS	Thanks ありがとう
FREQ	Frequency 周波数	**TU**	Thank you ありがとう
GA	Good afternoon こんにちは	UR	Your あなたの
Go ahead	どうぞ送信してください	**VA**	通信の終了符号
GB	Good-by さようなら	**VVV**	調整符号（本日は晴天なり）
GE	Good evening こんばんは	VY	Very とても
GLD	Glad よろこんで，うれしい	WKD	Worked 交信した
GM	Good morning おはよう	WKG	Working 交信している
GN	Good night おやすみ	WL	Will 〜だろう，〜するつもり
GND	Ground グラウンド，接地	WX	Weather 天気
GUD	Good よい	XMTR	Transmitter 送信機
HH	欧文通信の訂正符号	XTAL	Crystal 水晶発振子
HI	電信で使う笑い声	XYL	Wife 奥さん
HR	Here こちら，Hear 聞く	YL	Young lady お嬢さん
HW（?）	How いかがですか	Z	世界標準時（UTC）
K	送信してください	73	男性に対して，さようなら
KN	送信してください，ブレークお断り	88	女性に対して，さようなら

※ 略号の上にある ¯ は，その符号を続けて送信するの意味．
※ 太字は法令で定められている略号．

図 2-8　モールス通信で使う主な略語

Chapter 02 「・」と「―」でコミュニケーション アマチュア無線の世界が広がるモールス通信

Q符号	問いの本来の意味（アマチュア無線で慣用化された意味）
QRA	貴局名は何ですか（名前，局名）
QRH	こちらの周波数は変化しますか（周波数変動）
QRI	こちらの発射の音調はどうですか（音調）
QRK	こちらの信号の明瞭度はどうですか（明瞭度）
QRL	そちらは通信中ですか（通信中，忙しい）
QRM	こちらの伝送は混信を受けていますか（混信）
QRN	そちらは空電に妨げられていますか（空電，ノイズ）
QRO	こちらは送信機の電力を増加しましょうか（大きな送信電力）
QRP	こちらは送信機の電力を減少しましょうか（小さな送信電力）
QRQ	こちらはもっと速く送信しましょうか
QRS	こちらはもっと遅く送信しましょうか
QRT	こちらは送信を中止しましょうか
QRU	そちらはこちらへ伝送するものがありますか
QRV	そちらは用意ができましたか（オン・エア）
QRX	そちらは何時に再びこちらを呼びますか（少し待って）
QRZ	誰がこちらを呼んでいますか
QSA	こちらの信号の強さはどうですか
QSB	こちらの信号にはフェージングがありますか（フェージング）
QSK	そちらはそちらの信号の間に，こちらを聞くことができますか．できるとすれば，こちらは，そちらの伝送を中断してもよろしいですか
QSL	そちらは受信証を送ることができますか（QSLカード，確認）
QSN	そちらはこちらを…kHzで聞きましたか
QSO	そちらは…と直接（または中継）で通信することができますか（交信）
QSP	そちらは無料で…へ中継してくれませんか（伝える）
QSU	こちらはこの周波数で送信または応答しましょうか
QSW	そちらはこの周波数で送信してくれませんか
QSX	そちらは…（名称，呼出符合）を…kHzで，または…の周波数帯もしくは…の通信路で聴取してくれませんか
QSY	こちらは他の周波数に変更して伝送しましょうか（周波数を変えること）
QTC	そちらには送信する電報が何通ありますか
QTH	そちらの位置は，何ですか（住所，運用場所）

図2-9 アマチュア無線で使用する主なQ符号

R	了解度（Readability）
5	完全に了解できる
4	実用上困難なく了解できる
3	かなり困難だが了解できる
2	かろうじて了解できる
1	了解できない
S	信号強度（Signal Strength）
9	極めて強い信号
8	強い信号
7	かなり強い信号
6	適度な強さの信号
5	かなり適度な強さの信号
4	弱いが受信容易
3	弱い信号
2	たいへん弱い信号
1	微弱でかろうじて受信できる信号
T	音調（Tone）
9	完全な直流音
8	良い直流音色だが，ほんのわずかにリプルが感じられる
7	直流に近い音で，少しリプルが残っている
6	変調された音．少しピューッという音を伴っている
5	音楽的で変調された音色
4	いくらか粗い交流音で，かなり楽音性に近い音
3	粗くて低い調子の交流音でいくぶん楽音に近い音調
2	大変粗い交流音で，楽音の感じは少しもしない音調
1	極めて粗い音

図2-10 RSTレポートの意味

RSTレポートは，電話モードで使うRSレポートに音調のTを加えたものです．このRSTレポートの意味を**図2-10**に示します．

● CPMとWPM

モールス符号の送出スピードを表すときに「CPM」と「WPM」の2種類があります．「CPM」はcharacter per Minuiteの略で，1分間あたりに送出する文字数を示します．70CPMは1分間に70文字を送出します．「WPM」は，Word per Minuiteの略で，1分間あたりに送出するの単語数を示します．1Wordは5文字を表します．つまり，20WPMは1分間に100字を送出することになります．

アマチュア無線運用ガイド | 59

2-6 まず聞いてみよう CWモードで運用が行われている周波数

　実際のバンド内を聞いてみましょう．お勧めの周波数は，なんといっても7 MHzです．国内交信は休日・平日を問わず，アクティブにCWモードでの交信が聞こえます．7005～7015 kHz付近でアワード・サービスを行う局を中心に，運用が行われています．夜になると国内局が聞こえなくなり，DX局の信号が7000～7015 kHz付近で聞こえます．7003 kHzでは，QRP運用の局の交信がよく聞かれます（図2-11）．JARL主催コンテスト時は，7010～7030 kHzまで，運用局でびっしりと埋まります．

　2アマ以上の方なら10 MHzもお勧めです．昼間はアワード・サービス向けを中心とした国内交信が聞こえ，夜は海外交信が聞こえてきます．DX交信なら夜間の7 MHz，14 MHzは終日，朝夕の18/21 MHzがお勧めです．

　50 MHzは，SSBバンドでCWモードの交信が行われるという，ほかのバンドとは違った傾向があります．休日に50.180 MHz前後を聞いていると，CWモードでの信号が聞こえてくることがあります．

　実際の交信を聞き，生の信号を確かめてください．これまでの練習ではそこそこのスピードを受信できていたとしても，不思議なもので，実際の交信の内容は全然コピーできないと思います．実際の交信がコピーできるようになるまで，SWLを続けてみてください．

● フィルタの設定

　CWモードで運用するとき，CWフィルタは必須のアイテムと考えてよいでしょう．CWフィルタがオプションになっている機種も多いですが，ぜひ装着してください．

　フィルタを装着しない状態で，7 MHz帯のような混み合ったバンドを受信すると，交信中の局が何局も聞こえてしまい，どの局をコールすればいいかわからないし，どの局が自分をコールしているのかもわからないからです．

　最近のDSP搭載機は，DSPの機能でフィルタが設定できるので，オプションのCWフィルタは不要です．

　CWフィルタの通過帯域幅は，あまりに狭いものは使いにくいものです．オプションのCWフィルタを装着する場合は，500 Hzから350 Hzくらいのフィルタがおすすめです．

7000	7005	7010	7015	7020	7025	7030 [kHz]
	アワードサービス向け 国内交信			一般の国内交信		
	夜間にDX局がよく聞こえる			和文モールス		
			JARLコンテスト周波数			

↑ 7.003MHzでQRP局が運用している

図2-11　7 MHz帯CWバンドの使われ方

2-7 はじめての交信

初めてCWで交信するときは，きっと想像以上に緊張すると思います．「うまく符号が打てなかったらどしよう」「相手がわからないことを打ってきたらどうしよう…」など．でも，初めての交信は誰にでもあります．勇気を出して，コールしてみてください．

でも，やっぱり不安はぬぐえませんね．そこで，CWデビューへのアドバイスをいくつかお届けしましょう．

● 交信例を手元に置いておく

ビギナーにとって，どんな内容を送るか考えながら送信するのはたいへんなことです．そこで，交信例を書いたメモを見ながら送信しましょう．いろいろな状況に対応できるように書いておくと，送信時にあわてることがなくなるので，交信に余裕が持てます．

● コールする局を選ぶ

初めてコールするのは，ショートQSOを行っている局が無難です．たとえば，アワード向けサービスを行っている局や記念局などです．

これらの局の交信を聞いているとわかるのですが，いわゆる「599 BK方式」と呼ばれる，RSTレポートのみを交換する交信が行っています．おそらくこれ以外のことは打ってこないので，最初はこのような局をコールしてみましょう．

● 相手局が送っている内容をあらかじめコピーしておく

これからコールしようとする局がどんな内容を送信しているかを，あらかじめすべてコピーしておきます．一度にすべての内容をコピーできないと思うので，何回も聞いてコピーすればいいでしょう．このとき「599 BK方式」で交信しているかどうかも確認しておきます．どんな内容で交信しているかがわかれば，安心してコールができます．

● メモリー・キーヤーの力を借りる

初めのうちは，メモリー・キーヤーを使って，コールしてみるのも一つの方法です．ボタンを押すだけで間違いの符号が送れるので，交信に余裕を持つことができるでしょう．

ただし，ずっとメモリー・キーヤーを使い続けると，上達の妨げになりかねません．上達したいのであれば，基本的には自分で符号を送出するべきです．メモリー・キーヤーは補助的に使ってください．

● ローカル局に交信の相手をしてもらう

どうしてもコールする勇気が出なければ，モールス通信を楽しんでいるローカル局に，交信の相手をしてもらうのも一つの方法です．SSBバンドで電話とCWとモードを切り替えながら交信すれば，落ち着いて交信できると思います．

一度CWモードで交信ができれば，ほかの局をコールする勇気も湧いてきます．

● 交信が終わったら

初めての交信が終わったら，緊張で手が震え，びっしょり汗をかいていることでしょう．しかし，すがすがしい達成感とともに，また交信したいという気になると思います．この気持ちを忘れずに上達を目指し，向上心を持って交信を楽しんでください．

2-8 シチュエーション別交信例

初めての交信に向けて，シチュエーション別の交信例を紹介します．最初は CQ を出している局をコールします．コールする前に，相手局が送信している内容をすべてコピーしておくと，精神的に余裕が持てます．

自局が移動運用だった場合，交信の途中に「UR QTH？」と，相手局から QTH を問われることがあります．予想外のことを打たれると，頭が真っ白になってしまうので，そうならないように，「HR QTH JCC 1403」のように，自局の QTH（JCC/JCG ナンバーで OK）を送れるように心と符号の準備をしておいてください．

● アワード・サービスを行っている局をコールする

JCC/JCG をはじめとして，さまざまなアワード向けにサービスを行っている局をコールしてみましょう．交信内容は，RST レポートの交換のみの，いわゆる「599BK 方式」と呼ばれる交信です．交信例を図 2-12 に示します．交信例の自局のコールサインをご自身のコールサインに変えるだけで交信ができます．

この例からわかるように，余分なことは一切送りません．アワード・サービス向けの運用なので，QSL カードの交換は JARL 経由であることが前提になります．

● コンテストでの交信

コンテストの交信はシンプルなので，CW ビギナーにはお勧めです．送信スピードは速めですが，何度も交信を聞いていると相手局のコールサインとコンテスト・ナンバーはコピーできると思います．ほかの内容は一切送ってこないので，安心して交信できるでしょう．交信例を図 2-13 に示します．

コンテストでは，少しでも時間を無駄にしたくないので，できれば相手局のスピードに合わせて送信したいものです．しかし，無理をする必要はありません．焦って誤った符号を送ってしまい訂正符号を送るくらいなら，余裕を持ったスピードで無駄なく確実に送信したほうが効率的です．

コンテストでは QSL カードの交換を必ず求め

アワード向けサービス時のQSO（599 BK方式）

CQ局：CQ CQ DE JA1CCN/1 JA1CCN/1　JCC1403 / LA4　PSE K

自局　：DE JA2YVK K

　　　　　　　　　　JCGの場合は，14001/Eのように打つことがある．14001は郡ナンバー，/Eは
　　　　　　　　　　Turbo HAMLOGでの町村コードを指す．LA4 湖沼アワードのナンバー．このように，各種のアワード向けのナンバーを送信してくることが多い

CQ局：JA2YVK GM UR 5NN BK

自局　：BK QSL GM UR 5NN BK ─ Nは9の略字．5NNは599を表す

CQ局：BK QSL 73 TU ─ 午前中ならGM，午後ならGA，夜ならGE

自局　：73 TU

図 2-12　599 BK 方式のショート QSO

られるものではないので，ご自身の判断にお任せします．ただ，初めてCWモードでの交信なら，送っておいたほうがよいでしょう．相手局からもQSLカードが届けば，きっと記念になります．

コンテストは，短い時間でたくさんの局と交信できるチャンスです．交信の経験を積むには絶好の機会なので，積極的に参加してください．コンテストに参加したら，ログの提出もお忘れなく．

● DX局をコールする

交信に少し慣れてきたら，DXペディションやホリデー・スタイルで交信しているDX局をコールしてみましょう．SSBではなかなか交信できなかったDX局でも，CWモードなら意外あっさり交信できたりするものです．交信例を図2-14に示します．

ただし，DXペディション局は，交信地域を指定していたり，送信周波数と受信周波数を変えるスプリット運用を行っていたりしています．DX局の指示をよく理解してからコールします．DX局が送信している内容がわからなければ，コールしてはいけません．ほかの局に迷惑をかけるだけでなく，場合によっては日本の局全体の品位を落とすことにつながります．

DX局が送ってくることが多い指定は次のとおりです．

UP A…1kHz上でコールする（Aは1の略字）．スプリット運用を行っていることを示す．単にUPとしか打たないことも多い

EU…ヨーロッパの局のみコールできる

NA…北米大陸の局のみコールできる

SA…南米大陸の局のみコールできる

AF…アフリカ大陸の局のみコールできる

OC…オセアニアの局のみコールできる

AS…アジアの局のみできる．もちろん日本の局もコールできる

JA…日本の局のみコールできる

パイルアップになっているときは，極力短い交信を心がけてください．

● ラバースタンプQSO

交信を重ねてくると，「599 BK」だけの交信では物足りなくなってきます．そうなるとステップアップのチャンス！次はラバースタンプQSOに挑戦しましょう．

交信例を図2-15に示します．

ここで注意したいのは，名前のところに本名

コンテストでの交信

CQ局：CQ TEST DE JA1CCN JA1CCN TEST

自局　：JA2YVK

CQ局：JA2YVK UR 59914P BK

自局　：R 59920M

CQ局：TU DE JA1YCQ/1 TEST

コンテスト・ナンバーは参加するコンテストによって変わる．RSTはほとんどの局が599を送ってくる

- コンテスト・ナンバーがコピーできなかったときは，「NR AGN」または「NR?」と送信して，コンテスト・ナンバーを再度送ってもらう．
- コンテストでの交信では，「DE」「73」を送信する必要はない．なるべく交信が短くなるように配慮する

図2-13　コンテストでの交信例

ホリデー・スタイルのDX局とのショートQSO

DX局：CQ DX DE T88NT T88NT UP A

自局　：JA1CCN JA1CCN

DX局：JA1CCN 599 BK

自局　：R 599 TU

DX局：TU T88NT UP A

UP Aはスプリット運用で1kHz高い周波数を受信するという意味

図2-14　DX局との交信例

基本的なラバースタンプQSOの例

CQ局 ：CQ CQ CQ DE JA1CCN JA1CCN PSE K

自局 ：JA1CCN DE JA2YVK JA2YVK K

CQ局 ：JA2YVK DE JA1CCN

　　　　GM DR OM

　　　　TNX FER UR CALL BT

　　　　UR RST 599 5NN BT　　　　　　　　　　（5NNは599の略字）

　　　　MY QTH IS TSUCHIURA TSUCHIURA CITY ES

　　　　OP IS KIT KIT HW？　　　　　　　　　　（ハンドル・ネームを送る）

　　　　JA2YVK DE JA1CCN KN

自局 ：R JA1CCN DE JA2YVK

　　　　GM DR KIT SAN

　　　　TNX FB RPT FM TSUCHIURA CITY BT

　　　　UR RST 599 599 BT

　　　　MY QTH IS NAGOYA NAGOYA CITY ES

　　　　OP IS KAZU KAZU HW？

　　　　JA1CCN DE JA2YVK KN

CQ局 ：R JA2YVK DE JA1CCN

　　　　DR KAZU SAN

　　　　TNX FB REPT FM NAGOYA CITY

　　　　PSE QSL VIA BURO

　　　　TNX FB QSO HPE CU AGN

　　　　JA2YVK DE JA1CCN 73 TU VA E E

自局 ：R JA1CCN DE JA2YVK

　　　　OK QSL VIA BURO BT

　　　　TNX FB QSO HPE CU AGN

　　　　JA1CCN DE JA2YVK 73 TU VA E E

図2-15　ラバースタンプQSOの例

ではなくハンドル・ネームを入れていることです．アルファベットで３〜４文字程度（KAZU，TARO，MAXなど）で自分の気に入ったものを付けます．自分の名前に関連していないものでも大丈夫です．思い切って，カッコいいハンドル・ネームを付けてみましょう．

最初はQTHとハンドル・ネーム，QSLカードの交換についてだけでもよいと思います．この交信例を見ながら，ラバースタンプQSOの経験を重ね，少しずつステップアップしてください．

2-9　交信時に押さえておきたいポイント

交信するにあたり，これだけは忘れないでほしいというポイントをお伝えします．

● 自局のコールサインは確実に取れるように

自局のコールサインだけは，ある程度の速さでも確実にコピーできるようにしておきます．自局へのコールバックがわからないと，交信ができないだけでなく，パイルアップ時なら，待っているほかの局にも迷惑をかけてしまいます．

相手局がミスコピーすることもあるので，自分のコールサインは間違いなく取れるようにしておく必要があります．

● きれいな符号で送信することを心がける

崩れた符号を送信すると，相手局はピックアップするのに苦労します．崩れた符号というのは，

「短点と長点の長さの割合がバラバラ」

「符号の間隔があいておらず，どんな符号を打っているのかわからない」

「単語の切れ目がどこかわからない．符号と符号の間隔がバラバラ」

などです．

短点と長点の長さの割合は，１：３を順守して送信します．交信中に，時折長点を伸ばす局を見受けられますが，ビギナーのうちは，正しい符号を送ることを心がけてください．

符号の切れ目がわからない信号を送ってくる局をよく聞きますが，符号の切れ目がわからないと，どんな符号を送ってきているのか聞き分けようがありません．

符号と符号の間は長点一つ分を基本としますが，ときと場合によってはもう少し長めにしてもよいでしょう．

符号と符号の間隔がバラバラという信号もあります．単語はひとまとまりになっていないと，どんな単語を送ってきているのかがわかりません．単語の途中で変な間があかないように注意します．

● 早いスピードの送信がよいわけではない

ものすごいスピードで送信して，CQを連発している局を聞くことがあります．あまりに早いスピードでの送信に，対応できる局は限られてしまいます．何回か聞いていると相手局のコールサインは取れるでしょうが，「ほかのことを打たれたら…」と思うと，ビギナーや一般的なレベルの局は，コールを躊躇してしまいます．

CQを出すからには，多くの局と交信したいものです．適度なスピードでCQを出してもらえると，コピーしやすいですね．あまりに遅いスピードのCQも逆効果ですが，ビギナー向けに遅いスピードで送信するのは，有効な手段だと思います．

● できれば，相手局のスピードにあわせて送信する

　CQ を出している局は，自分が交信しやすいスピードで送信しているものと思われます．相手局のスピードに合わせて送信すると，ミスコピーの確率も減るでしょう．

　しかし，相手局に合わせて無理に早いスピードで送信する必要はありません．遅いスピードでコールするのはかまいません．

　また，遅いスピードで CQ を出している局がいれば，相手局のスピードに合わせてコールするのがマナーです．明らかに早過ぎるスピードで送信すると，相手局がコピーできません．

● 交信が終わってからコールする

　まだファイナルを送っている最中なのに，コールを始める局がいます．これは絶対にしてはいけません．交信中の局に対し，たいへん無礼な行為です．

　また，CQ を出している局から，何らかのインフォメーションが出されるかもしれません．CQ を出している局のスタンバイを確認してから，コールすることを守ってください．

● 相手のコールサインを実際の信号で確認できるまではコールしない

　相手局のコールサインを確認してからコールするのは当たり前のことですが，できていない局が多数に上ります．

　インターネット上でリアルタイムな運用情報が確認できる Web サイトが発展したおかげで，運用局のコールサインや周波数すぐにわかるようになりました．国内交信情報が掲載されている「J クラスタ※7」や，DX 局の運用状況が掲載されている「DXSCAPE※8」などの，いわゆるインターネット・クラスターを活用している人も多いでしょう．

　インターネット・クラスターはとても便利な反面，誤った情報が掲載されていたり，情報がクラスターにアップされたときは，すでに別の局がその周波数で運用していたりという危険も持ち合わせています．これらの Web サイトの情報を基にコールするときも，必ず相手局が送出するコールサインを確認しなければなりません．

　それと重要な点がもう一つ．アマチュア無線の交信は，お互いのコールサインと RS レポートを交換することにより成立します．相手局のコールサインを電波の上で確認していないのであれば，交信は成立していません．

● 相手局が送信している内容を理解できないときはコールしない

　CQ を出している局が，何らかのインフォメーションを出したり指定をしたりすることがあります．この内容がわからないときには，コールしてはいけません．

　パイルアップ時に，コールサインを指定していたり地域を指定して CQ を出したり，スプリット運用の指示を出したりすることがあります．この内容がわからないにもかかわらずコールすると，パイルアップを混乱させるとともに，指定を守っている局にたいへん失礼です．

● 運用マナーを守る

　CQ を出した局がすでに相手局にコールバックしているにもかかわらず，まったく別の局が無理矢理上からかぶせてコールしていることがあります．故意に混信を与えるのは，電波法に抵触する行為です．絶対にしてはいけません．

　CQ を出している局がコールバックを始めてい

Chapter 02 「・」と「―」でコミュニケーション アマチュア無線の世界が広がるモールス通信

るにもかかわらず，お構いなしにひたすらコールを続ける局がいます．これは，いわゆる「呼び倒し」という行為で，CQ を出している局に強い不快感を与えます．

コールバックに応答しない局がいます．この場合，CQ を出している局は強いストレスを感じます．相手のコールバックが確認できないような伝搬状況のときは，コールを控えるべきです．

● 相手局が自分のコールサインをミスコピーしたとき

アワード・サービス局や DX 局などとのショート QSO において，自分のコールサインをミスコピーされたときは「DE JA1CCN JA1CCN」と，再度自局のコールサインを送るだけで大丈夫です．もう一度コールサインを送れば，相手局はミスコピーをしたことに気が付きます．

このとき相手局は，正しいコールサインをもう一度送ってくるでしょう．または「JA1CCN OK？」と送ってくるかもしれません．そのときは「OK」と返すだけで構いません．もう一度コールサインを送るなど，余分な符号を送ると，相手局が混乱する原因になります．

反対に，相手局がミスコピーしていないのに「DE JA1CCN」とは送らないようにします．相手局は自分がミスコピーしたと思いこんでしまいます．

※7 　J クラスタ…**http://qrv.jp/**
※8 　DXSCAPE…**http://www.dxscape.com/**

2-10 モールス通信を楽しみましょう

以上のように，これからモールス通信を楽しみたいという方を対象に，話を進めてきました．

モールス通信は辛い訓練を長時間行わないとマスターできないと感じている人も多いと思いますが，決してそうではありません．楽しみながらモールス通信を覚えていきましょう．

ある程度の自信がついたら，思い切って交信にチャレンジしてみましょう．最初はメモリー・キーヤーのボタンを押すだけの交信でもかまいません．それでも十分交信は成立します．まずは電波を出すことが重要で，交信ができたことに自信を持ちましょう．

自信が付いたら，スキルアップのためにいろんなことにチャレンジしていきましょう．本章では，モールス通信デビューを念頭に置いていたので，CQ を出すことは説明していませんが，次のステップとして，ぜひ CQ を出してみてください．どんな局が呼んでくるか，どんな内容を打ってくるかわかりませんが，それも一つの楽しみです．向上心を持って，モールス通信を楽しめば上達が早まり，上達するとさらにモールス通信が楽しくなるに違いありません．

アマチュア・コードに「アマチュアは進歩的であれ」という言葉があります．少しずつでも構わないので，前に進んでいきましょう．

重ねて言いますが，モールス通信は誰でもできるようになります．「私にもできるようになる！」と自信を持って，楽しみながらモールス通信をマスターできるようにがんばってみてください．

〈CQ ham radio 編集部〉

Chapter 03

ハンディ機で日本中とつながる D-STARで交信しよう！

　D-STARはJARL（日本アマチュア無線連盟）が開発した，アマチュア無線用デジタル通信規格です．市販されているD-STAR対応トランシーバを使い，デジタルならではの交信を楽しめます．

　D-STARは，国内だけでなく北米やヨーロッパを中心に，世界中に普及しています．アクセスできるD-STARレピータも世界中に設置され，アクティブに運用が行われています．運用者が増加中で，注目されているモードの一つです．

　本章では，ICOM製D-STAR対応ハンディ・トランシーバID-31およびID-51（**写真3-1**）を使って，D-STARを楽しむ方法を紹介します．

写真3-1　ICOM D-STAR対応デジタル・ハンディ・トランシーバ ID-31（430 MHz帯，左），ID-51（144/430 MHz帯，右）

3-1　D-STARのしくみ

　「D-STARを始めてみたいけど，無線機の設定が難しい」ということや，「デジタルはよくわからないのでどうしようかと思っている」という話しをよく耳にします．

　D-STARが普通のFM（アナログ通信）と違うところは，レピータ※1を利用するときに，コールサインの情報を一緒に送る必要があるという点

です（詳しくは後述）．ただ，レピータを利用しなければ，コールサインの情報はなくても構いません．モードが違うだけでFMとまったく同じような使い方ができます．

　では，コールサインの情報を送るには，いったいどうしたらよいのか…．何か特別なことが必要だと思いがちですが，心配するほど難しいもので

68　アマチュア無線運用ガイド

Chapter 03　ハンディ機で日本中とつながる　D-STAR で交信しよう！

■144MHz帯
（2mバンド）

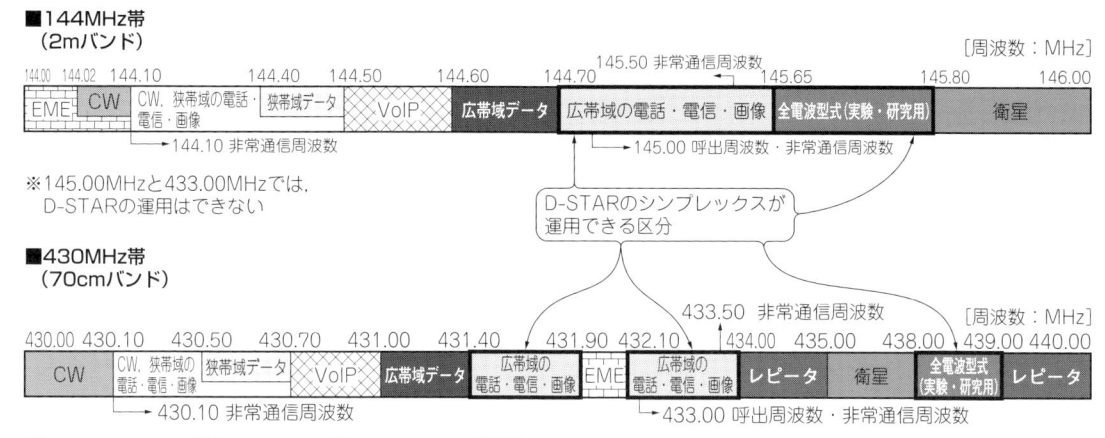

図 3-1　144 MHz 帯と 430 MHz 帯で D-STAR が運用できる区分

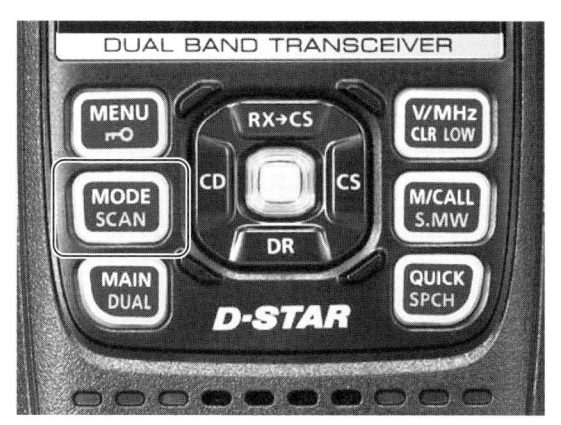

写真 3-2　MODE を押して DV と FM を切り替える

　まずお伝えしたいのは，「D-STAR はレピータがなければ運用できない」と思っている方がいるようですが，これはまったくの誤解です．無線機のモードを「DV」に切り替えるだけで，普通の交信が楽しめます（**写真 3-2**）．無線機のモードが「FM」なのか「DV」なのかの違いだけです．もちろん，相手局のモードも「DV」になっている必要があります．「DV」と「FM」とは交信できません．アナログ・テレビでは，地デジが映らないのと同じです．

　レピータ以外の D-STAR での交信は，バンドプランの「広帯域の電話」および「全電波型式」の区分で楽しめます（**図 3-1**）．その中でも，主に 145.30 MHz や 433.30 MHz で交信が行われています．

● D-STAR レピータとアナログ・レピータの違い

　では，レピータを利用する場合はどうしたらよいのでしょうか．この点で，難しいとかわけがわからないという方が多いのではないかと思います．そこで，デジタル（D-STAR）レピータと従来のアナログ（FM）レピータの，大きな違いをいくつか説明します．

はありません．何事にも基本が大切なので，最初に D-STAR とはどういうものかを簡単に説明します．

※1　本稿ではレピータ局のことをレピータと表現します．

● DV モード

　D-STAR には，音声通信の DV（デジタル・ボイス）モードとデータ通信の DD（デジタル・データ）モードの2種類がありますが，ここでは音声通信の DV モードについて説明します．

アマチュア無線運用ガイド | 69

① **レピータがインターネットでつながっている**

アナログ・レピータは，そのレピータだけの単独動作です．一方のD-STARレピータももちろん単独での動作もしていますが，ほかのレピータとの連携もできるのです．

D-STARレピータは，レピータ同士がインターネットを介して接続されているため（一部につながっていないレピータもある），自分がアクセスしているレピータ（アクセス・レピータ）と，もう一つ別のレピータにつなぎ，そのレピータ（呼び出し先レピータ）から電波が出せるという違いです．

電波はアクセス・レピータと呼び出し先レピータの2か所から発射されます．

呼び出し先レピータは，日本国内だけでなく海外のレピータも選べます．近くにあるD-STARレピータにアクセスできれば，ハンディ機でも遠距離の局との交信が可能になります．

日本全国にあるD-STARレピータは章末のColumn 09（p.85）を参照してください．

② **コールサインでコントロール**

どうしてレピータにアクセスすると，自分が接続したい日本国内や海外のレピータから自分の声が出るのでしょうか？

はじめに「レピータを利用する場合はD-STARではコールサインの情報が必要」と説明しました．実は，D-STARレピータはコールサイン情報をもとにコントロールをしているのです．

アナログ・レピータは，アクセスするためにトーンを使います．一方，D-STARレピータを利用する場合は，トーンではなく利用するレピータのコールサインおよび自分のコールサインを使うのです．

コールサインを無線機に設定して送信すると，電波にデジタル・データとして含まれたコールサイン情報が，自動的に送信されます．このコールサイン情報で，D-STARレピータを動作させて電波を中継したりインターネットに接続したりして，ほかのレピータに接続する仕組みになっています．

このコールサイン情報を利用して，相手局の無線機でも自分のコールサインやゲート越えかどうかなどが確認できるようになっています．

③ **音質が劣化しないフルデジタル方式**

D-STARは「フルデジタル」方式を採用しています．電波を出して相手に届くまでの音声信号は，一度もアナログ信号にならず，デジタル信号のままです．

そのため，D-STARレピータで中継したときやインターネットを経由してもう一つのレピータから電波を出すときでも，音質の劣化が非常に少なく，相手局にはクリアに聞こえます．FMは，信号強度が弱くなるにしたがって雑音が増えますが，D-STARには雑音が入らないので，信号強度が弱くなっても了解度5のままで聞こえます．

ただし，電波に含まれているデジタル信号の解読ができなくなると，音声が途切れたり，聞こえなくなったりします．

④ **D-STARレピータでCQを出す**

運用面の違いもあります．アナログ・レピータでは，CQを出すことはほとんどないと思います．しかし，D-STARレピータではあたり前のようにCQを出して，一般的な交信を行っています．名前や運用地の紹介はもとより，QSLカード交換の約束を行う局も多いです．

これは，遠距離局との交信が可能な，D-STARの特徴と言えます．

3-2 D-STARレピータ・システム

　実際に交信するときは何も意識する必要がありませんが，D-STARレピータはどのようなものかを少し理解しておくと，無線機をより使いこなせるようになると思います．

　電波を中継するというレピータ本来の役目は，アナログ・レピータと同じです．しかし，電波を中継するレピータ本体以外に，いくつかの設備で構成されています．基本構成は，レピータ本体，コントローラ，サーバ，ルータ，インターネット回線です（**写真3-3**）．

　コントローラは，D-STARレピータのコールサインを識別する役目や，受信した電波（音声データ）をほかのレピータに接続するかしないか，設定の間違いがないかどうかなどを判断する役目をしています．サーバは，Webサイトの閲覧や電子メールなどをするためのパソコンと考えてください．

　実際は，D-STARレピータ・システムすべてを管理しているJARLの管理サーバというものがあって，各レピータのサーバと連携して動いています．そして，インターネットに接続するためにルータとインターネット回線が必要になります．言い換えると，無線機は携帯電話やスマートフォン，レピータは携帯電話の基地局，JARLの管理サーバはD-STARシステム全体のプロバイダ的な役目と言えます（**図3-2**）．

　このD-STARレピータ・システムを利用するために必要なものが，携帯電話の電話番号と同じように，レピータや個人の「コールサイン」なのです．

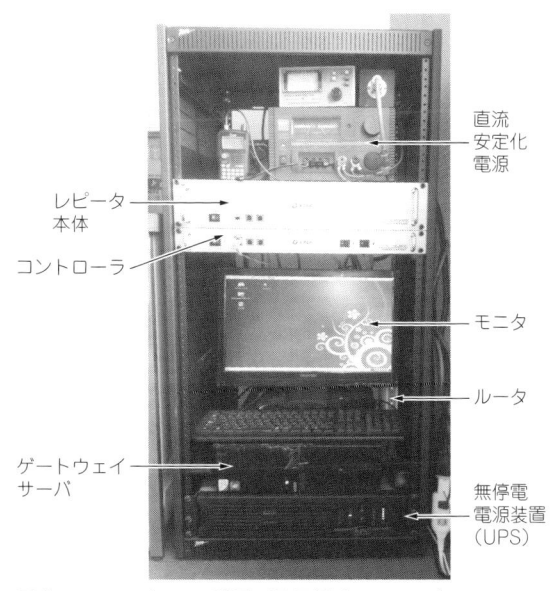

写真3-3　レピータの設置・運用例（430 MHz）

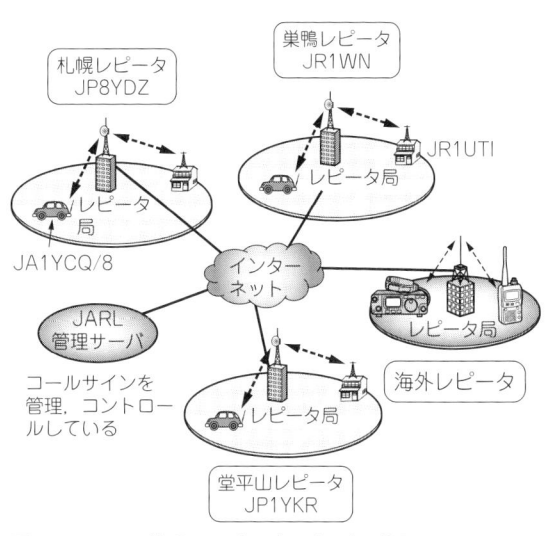

図3-2　JARL管理サーバはプロバイダの役目

3-3　D-STAR に使われる用語

「登録や設定がたくさんあって，わけがわからない」という方に，D-STAR でよく使われる用語とキーの意味を，ID-31 と ID-51 での操作を中心に簡単に説明します．

ゲートウェイ：D-STAR を運用するときに，インターネットに接続されたレピータ．二つのレピータからの電波の出入口（玄関＝Gateway）．

ゲート越え：自局が直接つないでいるレピータ（アクセス・レピータ）以外の二つ目のレピータ（呼び出し先レピータ）を使うための設定をして，電波を出すとき（交信しているとき）をゲート越えと呼ぶ．

JARL に登録：自局のコールサインを JARL の管理サーバに登録していないとゲート越えの交信ができない．事前に JARL に登録する必要がある．

カーチャンク：PTT を 1～2 秒押して，呼び出し先レピータが使用中かどうかや自局の電波がレピータまで届いているかどうかを確認する操作．

DR モード：D-STAR レピータを簡単に設定できる機能（D-STAR Repeater Mode）．ID-80，ID-880，IC-9100 などにも搭載されているが，ID-31 や ID-51 では日本語表記となり，さらにわかりやすく進化している．

コールサイン指定：「TO」にレピータを設定するのではなく，相手局のコールサインを直接設定して呼び出す方法．

堂平山 430（レピータ名）：堂平山の 430 MHz レピータという意味，堂平山 1200 なら堂平山の 1200 MHz レピータ

TO：ID-31，ID-51 の DR モードでセットするとき，ディスプレイに表示される呼び出し先レピータ．ほかの機種の UR も同じ意味．

FROM：ID-31，ID-51 の DR モードでセットするとき，ディスプレイに表示されるアクセス・レピータ．ほかの機種の R1 も同じ意味．

MY：自局のコールサインを無線機に登録する項目

CS キー：コールサイン選択（Call sign Select）キー．ID-31，ID-51 の DR モードでは，レピータ「TO センタク」画面が表示される．

CD キー：受信履歴（Received Call sign Display）キー．ID-31，ID-51 では，長押しすると受信履歴が表示される．

RX → CS キー：受信した局のコールサインを「TO」に設定する機能を利用するときに使う．

CQCQCQ：レピータ使用時に，ゲート越えをせずにアクセス・レピータだけを使用するときの「TO」の設定．

以下は，ID-31 や ID-51 の DR モードを使用する場合には，意識する必要はありません．

UR：呼び出し先レピータのコールサインを無線機に登録する項目．

R1：アクセス・レピータのコールサインを無線機に登録する項目．RPT1 も同じ意味．

R2：アクセス・レピータ以外のレピータ（二つ目のレピータ）を使いたいとき，無線機に登録する項目（ゲート越え設定）．RPT2 も同じ意味．

以上の用語のほかにも，エリア・ゾーンやアシストなどがありますが，わかりにくくなる原因なので，今回はこの用語を使用しないことにします．

Chapter 03 ハンディ機で日本中とつながる D-STARで交信しよう！

3-4 D-STARで電波を出すための準備

　D-STAR対応の無線機で電波を出す前に，いくつかの準備が必要です．まず，「JARL管理サーバに登録」と「無線機へコールサインの設定」の二つをすればOKです．

● JARL管理サーバに登録する

　D-STARレピータ・システムの説明にあったように，JARL管理サーバがプロバイダ的な役目をしているので，ゲート越えの交信をするときは，ここに自局のコールサインを登録する必要が

あります．つい忘れがちなので，無線機を購入したらすぐに登録しておくことをおすすめします．

　登録方法は次のとおりです．

① JARL Webのトップ・ページ（**http://www.jarl.or.jp/**）から「デジタル通信システムD-STAR」をクリックする（**図3-3**）．

② 「D-STAR総合案内窓口」をクリックする（**図3-4**）．

③ 「Registration（ユーザー登録）」をクリック

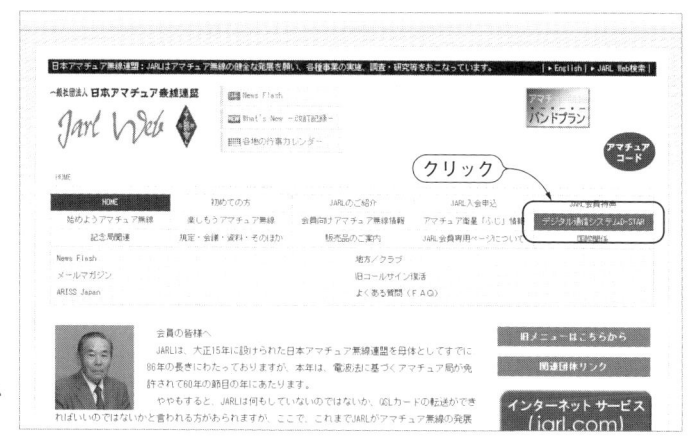

図3-3
デジタル通信システム
D-STARをクリック

図3-4
「D-STAR総合案内窓口」をクリック

アマチュア無線運用ガイド | 73

図3-5 「Registration（ユーザー登録）」をクリック

図3-6 「D-STAR登録申込規約」をクリック

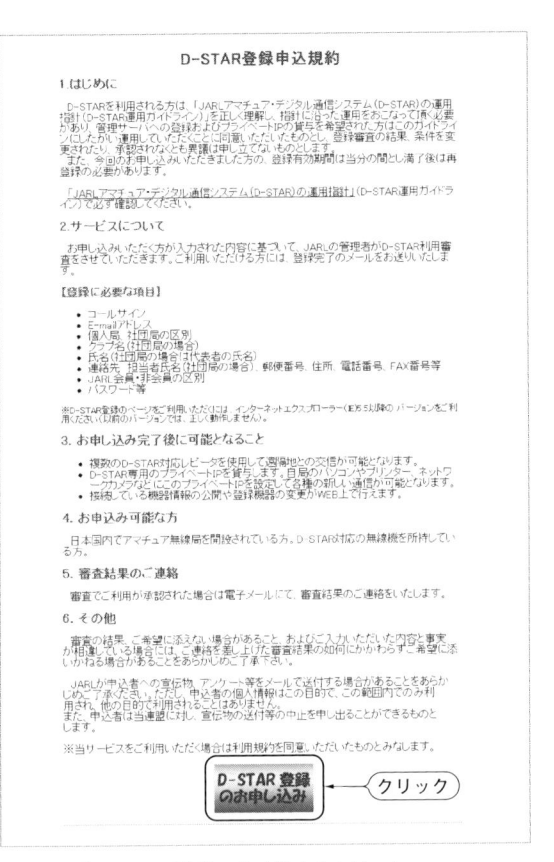

図3-7 「D-STAR登録のお申込」をクリック

する（図3-5）．
④ 「D-STAR登録申込規約」をクリックする（図3-6）．
⑤ 「D-STAR登録のお申込」をクリックする（図3-7）．
⑥ トップ・メニューが表示されるので「D-STAR利用申込画面へ」をクリックする（図3-8）．
⑦ 利用規約の内容を確認したうえで「同意します」をクリックする（図3-9）．
⑧ D-STAR利用申込みに，必要項目を入力する．**パスワードは必ず控えておくこと**（図3-10）．

入力が完了したらいちばん下にある「申込み」をクリックする．
⑨ JARLから「【D-STAR】登録完了のお知らせ」の電子メールが届く．48時間以内に指定されたURLにアクセスして最終登録を行う．届いた電子メールには「登録の確認」と記載されているが，確認だけでは登録が完了しないので注意する（図3-11）．
⑩ 指定されたURLにアクセスしてログインする．パスワードは⑧で登録したパスワードを入力する（図3-12）．
⑪ 「機器情報の登録変更」をクリックする（図

Chapter 03　ハンディ機で日本中とつながる D-STAR で交信しよう！

図 3-8　「D-STAR 利用申込み画面へ」をクリック

図 3-9　利用規約の内容を確認したうえで「同意します」をクリック

図 3-10　必要項目の入力が完了したら「申込み」をクリックする

図 3-11　登録完了通知の電子メール

図 3-12　コールサインとパスワードを入力してログインする

3-13)．

⑫「機器名」を入力する（**図 3-14**）．ここはほとんどの局が無線機の機種名を登録している．

- 無線機名は，最初は「なし」で OK．
- 機器名の公開可否は⑪のメニューで「登録局の機器情報の参照」をしたときに表示させるかどうか．「公開」にすると表示される．
- 公開メッセージは D-STAR システムには影響がないため，自由に入力できる．

「登録変更」をクリックすると確認画面になるので，OK ならば「登録」をクリックする．これで登録完了．

以上で，JARL 管理サーバへの登録が完了しました．

なお，登録は JARL 会員でなくても可能です．

アマチュア無線運用ガイド | 75

図 3-13 「機器情報の登録変更」をクリック

図 3-14 機器情報を入力する

MENU を押して MENU 画面を開き,自局設定を選択する

「ジキョクセッテイ」画面で自局コールサインを選択

「ジキョクコールサイン」画面で自局のコールサインを入力

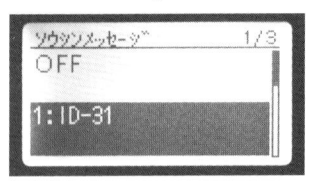

「ソウシンメッセージ」画面から,送信メッセージも登録しておくとよい

図 3-15 無線機に自局のコールサインを登録する

インターネットを利用されていない方は,郵送での登録も可能です.詳細は Column 06 を参照してください.

● 無線機に自局コールサインを登録する

D-STAR レピータでゲート越え交信を行うときは,無線機に自局のコールサインを登録する必要があります(**図 3-15**).「MENU」にある「自局設定」から,「自局コールサインへ」と進み,JARL サーバに登録したコールサインを入力します.

このとき,「送信メッセージ」も登録しておくと,送信時に登録したメッセージが音声と一緒に相手へ届きます.名前や運用地,トランシーバの名称などを入れておくとよいでしょう.

無線機の設定はこれだけです.設定の注意は Column 07 を参照してください.DV モードでの交信時には,自局のコールサインやメッセージが相手に伝わります.

Chapter 03　ハンディ機で日本中とつながる D-STAR で交信しよう！

Column 06　郵送で JARL 管理サーバに登録する方法

インターネットを利用していない方は，郵送でも JARL 管理サーバへの登録を申し込めます．D-STAR 管理サーバへの登録は，JARL 会員以外の方でも可能です．次の内容を返信用の 80 円切手を同封のうえ郵送してください．
「D-STAR 登録希望」
① コールサイン
② 氏名（社団局の場合は社団局の名称と代表者の氏名）
③ 連絡先の郵便番号，住所，電話番号，FAX 番号など．
④ 使用する無線機名
郵送先：〒170-8073 東京都豊島区巣鴨 1-14-5　JARL 会員部業務課 D-STAR 登録係

〈CQ ham radio 編集部〉

Column 07　無線機の MY に自局のコールサインを設定する

ID-31 や ID-51 では，コールサインの設定が簡単ですが，ここでは，D-STAR 対応無線機にコールサインを設定するときの基本と注意を説明します（図 3-A）．

このとき注意するのは，自局のコールサイン設定は JARL の管理サーバに登録したときと同じ設定にしないと，ゲート越えの交信ができないという点です．JARL の管理サーバには「無線機名」という項目があります．この無線機名は，無線機を識別するという意味でなく，コールサインを識別するものと考えてください．

〈JR1UTI〉

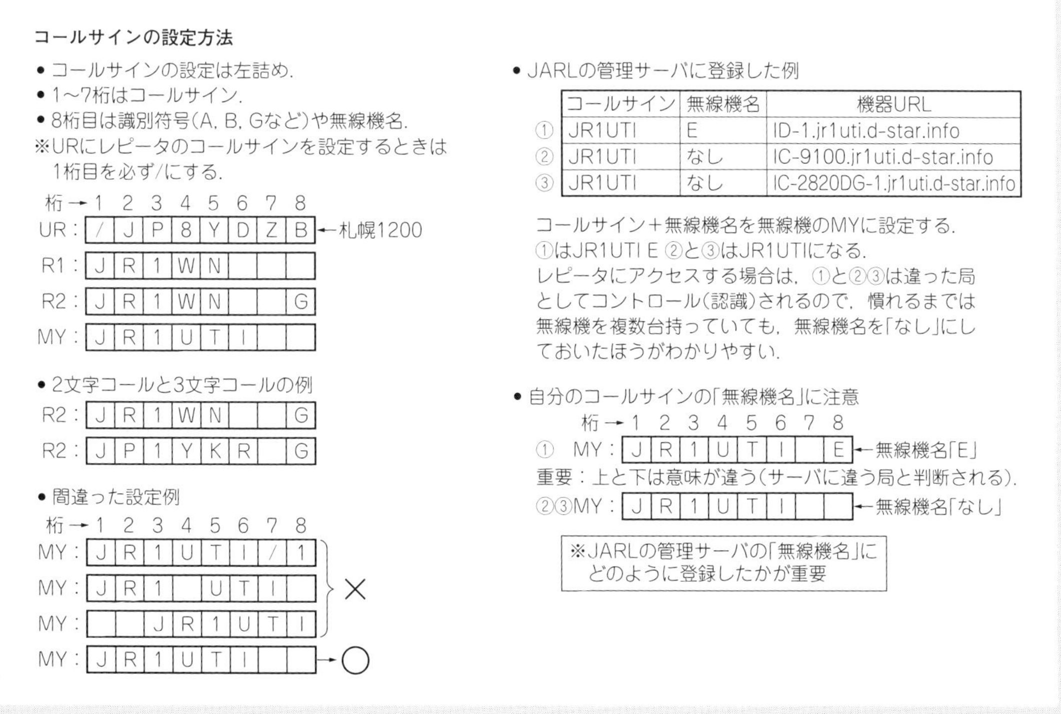

コールサインの設定方法
- コールサインの設定は左詰め．
- 1～7 桁はコールサイン．
- 8 桁目は識別符号（A，B，G など）や無線機名．

※UR にレピータのコールサインを設定するときは 1 桁目を必ず/にする．

桁→ 1 2 3 4 5 6 7 8
UR : / J P 8 Y D Z B ←札幌 1200
R1 : J R 1 W N
R2 : J R 1 W N　　G
MY : J R 1 U T I

- 2 文字コールと 3 文字コールの例
R2 : J R 1 W N　　G
R2 : J P 1 Y K R　G

- 間違った設定例
桁→ 1 2 3 4 5 6 7 8
MY : J R 1 U T I / 1
MY : J R 1 　 U T I
MY : 　 J R 1 U T I
MY : J R 1 U T I　　　　○

- JARL の管理サーバに登録した例

	コールサイン	無線機名	機器URL
①	JR1UTI	E	ID-1.jr1uti.d-star.info
②	JR1UTI	なし	IC-9100.jr1uti.d-star.info
③	JR1UTI	なし	IC-2820DG-1.jr1uti.d-star.info

コールサイン＋無線機名を無線機の MY に設定する．
①は JR1UTI E ②と③は JR1UTI になる．
レピータにアクセスする場合は，①と②③は違った局としてコントロール（認識）されるので，慣れるまでは無線機を複数台持っていても，無線機名を「なし」にしておいたほうがわかりやすい．

- 自分のコールサインの「無線機名」に注意
桁→ 1 2 3 4 5 6 7 8
① MY : J R 1 U T I 　 E ←無線機名「E」
重要：上と下は意味が違う（サーバに違う局と判断される）．
②③MY : J R 1 U T I ←無線機名「なし」

※JARL の管理サーバの「無線機名」にどのように登録したかが重要

図 3-A　コールサインの設定方法

3-5 交信してみましょう

基礎・基本の説明が長くなってしまいました．ここからは実際に電波を出し，D-STARレピータに接続して，交信する方法について説明します．

● D-STARレピータ局の設定と確認

まずは，D-STARレピータを使用するときの設定です．ID-31とID-51は，ボディ中央にある十字キーの操作で設定することができます（**写真3-4**）．使用するキーは「DR」と「RX→CS」および「決定」キーの三つです．

自局がアクセスするレピータ「FROM」を「巣鴨430」に，呼び出し先レピータ「TO」を「堂平山430」とする設定例を**図3-16**に示します．

これで準備が完了しました．しかし，CQを出す前に一つだけ確認することがあります．接続先のD-STARレピータは直接受信できないため，使用中かどうかわかりません．そこで，いきなりCQを出すのではなく，まず確認を行います．いきなりCQを出すと，接続先のレピータで行われている交信に割り込んで，CQを出してしまうこともあります．同時に，正常にゲート越えが行われているかどうかの確認にもなります．

● 確認方法

確認方法は，自局が使用するD-STARレピータ（FROM）を十分ワッチして，使用中ではないことが確認できたら，PTTを1～2秒押します（カーチャンクを行う）．受信に戻したときに「ピッ」と音がしてレピータからの何らかのメッセージが表示されます．「UR？」が表示されればそのレピータは使えます．

そのほか，カーチャンクしたときに返ってくるおもな表示とその意味を**表3-1**に示します．ただし，カーチャンクはレピータ利用時のマナーとして，不必要に連続して行わないようにしましょう．

また，カーチャンクの代わりに「チャネル・チェック」のようにしてもいいと思います．D-STARレピータ名をアナウンスするとワッチ局がわかりやすくなります．例として「堂平山430レピータにアクセス確認をしています．こちらはJR1UTI巣鴨430レピータからです」と，簡単に行います．

● 交信を始める前に

呼び出し先レピータを使用せずアクセス・レピータだけを利用してCQを出すときは，「TO」

CD：受信履歴表示（Received Call sign Display）
CS：コールサイン設定（Callsign Select）
DR：D-STAR Repeater Mode
RX→CS：受信履歴からコールサインをセット

写真3-4　十字キーの操作

Chapter 03 ハンディ機で日本中とつながる D-STAR で交信しよう!

ステップ1 自分が使うレピータを設定する(FROM)

[画面: TO CQCQCQ 15:25 / FROM 浜町430 434.400 JP1YIU]

DRモードの選択
[DR]を長く押す
(ピピッと鳴る)
上下キーで「FROM」を選択し,決定キーを押す

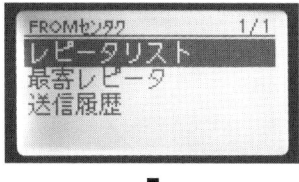

↓

[画面: FROMセンタク 1/1 / レピータリスト / 最寄レピータ / 送信履歴]

上下キーで「レピータリスト」を選択して決定キーを押す

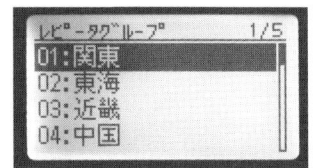

↓

[画面: レピータグループ 1/5 / 01:関東 / 02:東海 / 03:近畿 / 04:中国]

上下キーで「01:関東」を選択して決定キーを押す

↓

[画面: レピータリスト GRP01 1/11 / 東京電機大学430 / 巣鴨430 / 浜町430 / 東京都 JR1WN]

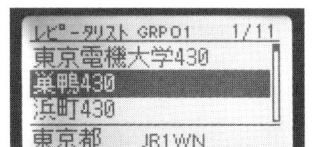

上下キーで「巣鴨430」を選択して決定キーを押す

↓

[画面: DV-A 15:27 / TO CQCQCQ / FROM 巣鴨430 439.130 JR1WN]

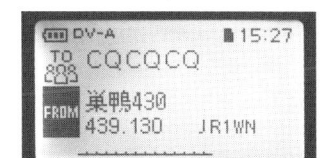

これで「FROM」に「巣鴨レピータ」が設定された

ステップ2 あて先を設定する(TO)

[画面: TO CQCQCQ 15:27 / FROM 巣鴨430]

[RX→CS]を押して「TO」を選択して決定キーを押す

↓

[画面: TOセンタク 1/2 / 山かけCQ / エリアCQ / 個人局 / 受信履歴]

上下キーで「エリアCQ」を選択して決定キーを押す

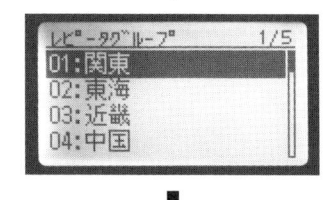

↓

[画面: レピータグループ 1/5 / 01:関東 / 02:東海 / 03:近畿 / 04:中国]

上下キーで「01:関東」を選択して決定キーを押す

↓

[画面: レピータリスト GRP01 13/15 / 堂平山430 / 獨協医科大学430 / 古河430 / 埼玉県 JP1YKR]

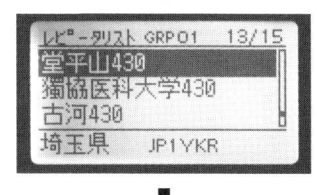

上下キーで「堂平山430」を選択して決定キーを押す

↓

[画面: DV-A 15:29 / TO 堂平山430 JP1YKR / FROM 巣鴨430]

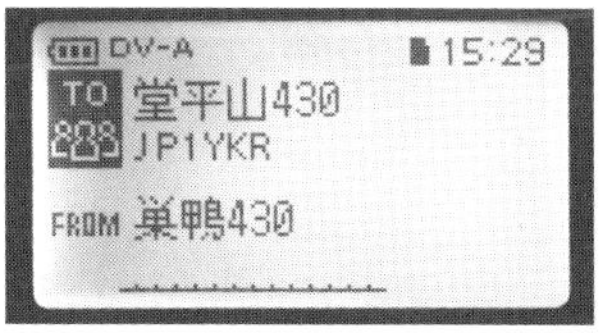

これで「TO」に「堂平山レピータ」が設定された

※交信が終わったら,「TO」を「CQCQCQ(山かけCQ)」に戻しておきましょう!

ID-51での操作例(ID-31も同じ)

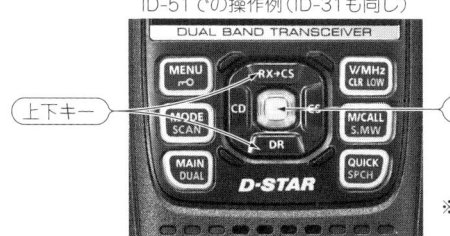

[無線機の写真: 上下キー / 決定キー]

※上下キーの代わりにダイヤルを回しても選択できる

図 3-16 巣鴨 430 MHz レピータに設定し,堂平山 430 MHz レピータに接続するための設定例(ID-31 と ID-51 の場合)

表3-1 D-STARレピータからのメッセージ一覧と主な理由

正常	①	UR？：JR1WN A/	URに指定したD-STARレピータに接続されていて，接続先のD-STARレピータは使用可能．
異常（エラー）	②	RPT？：JR1WN A/	URに指定したD-STARレピータに接続されていて，接続先のD-STARレピータは使用中．
	③	RPT？：JR1WN G/	URのコールサインが違っている，D-STARレピータのゲートウェイ（GW）が不調，自局のコールサインをJARLの管理サーバに登録してない，MYの8桁目の識別（なし，A～F）が違っている．コールサイン指定呼出で相手局がJARLの管理サーバに未登録など．
	④	RX：JR1WN A/	設定したR1（RPT1）かR2（RPT2）または両方のD-STARレピータのコールサインが違っている．
	⑤	RX： /	D-STARレピータに自局のコールサインが認識されていない（電波状況/アクセスが悪い）．

メッセージに表示されるコールサインは，自局がアクセスしたD-STARレピータのコールサインになる．

決定キーまたは[CS]キーを押すと

「TOセンタク」画面を表示するので上下キーを押して山かけCQを選択する

「TO」が「CQCQCQ」に設定された

図3-17 「TO」を「CQCQCQ」に設定変更する方法

を「CQCQCQ」にします．

「RX→CS」キーで「TO」を選択し「決定」キーまたは「CS」キーを押して「TOセンタク」画面を表示させます．「山かけCQ」を選び，決定キーを押すと「TO」に「CQCQCQ」が設定されます（図3-17）．

これでゲート越えをしない設定になりました．この場合は，カーチャンクやチャネル・チェックは必要ありません．呼び出し先レピータがないため，ワッチしていれば使用中かどうかがわかるためです．

ただし，自局の電波がD-STARレピータまで届いているかどうかの確認をする必要があるときは，カーチャンクを行うことになります．この場合も連続カーチャンクはしないようにしましょう．

「UR？」が表示されたらCQを出してみましょう．筆者の考えですが，CQを出すときは次の三つを心がけるとスムーズかと思います．

- **CQは簡潔・短時間，そしてCQの連続は控える**

    D-STARは，受信した局の無線機のディスプレイに，自局のコールサインが表示されるので，この特徴を生かしたD-STARレピータの使用ということを意識して，CQは簡潔に行います．

- **使用しているD-STARレピータの名称をアナウンス**

    D-STARは，二つのレピータを使用できるた

Chapter 03 ハンディ機で日本中とつながる D-STARで交信しよう！

め，自局が使用しているアクセス・レピータの名称と呼び出し先レピータ名（FROMとTO）のアナウンスをするとワッチ局にわかりやすくなります．

・CQを出したら，しばらくワッチ

相手局が応答するために，無線機の設定をしているのかもしれません．すぐに応答がなくてもしばらくワッチしましょう．しばらくたってからコールされることがよくあります．

● CQを出して交信する

それでは，CQを出してみましょう．CQの出し方の例としては，

CQ CQ CQ
こちらはJR1UTI 巣鴨430レピータから堂平山430レピータに接続しています．
堂平山レピータでどなたかお聞きの局がありましたら応答をお願いします．
どうぞ．

と，このようになります．
CQに対し，堂平山430レピータから応答があったとき，応答局は，

JR1UTI
こちらはJQ1ZGY 堂平山430レピータからです．
どうぞ．

と，呼んでくると思います．
あとは，現在の設定のまま交信を開始します．D-STARとして特別なことはないので，通常の交信を行うだけです．

しかし，アクセス・レピータである巣鴨430レピータから呼ばれることもあります．

JR1UTI
こちらはJA1YCQ 巣鴨430レピータからです．
どうぞ．

このとき「TO」の設定を堂平山430レピータのままにしておくと，堂平山430レピータからも電波が出てしまいます．呼び出し先レピータは不要なので「TO」を「CQCQCQ」にセットしてから応答します．または，「RX→CS」キーを長押しして「コールサイン指定呼び出し」で設定する方法もあります．コールサイン指定呼び出しについては，後述します．

● CQ局に応答してみましょう

CQを出している局に応答するときは，二つの方法があります．

・相手局が接続しているレピータに合わせる

堂平山430レピータから，自局がワッチしている巣鴨430レピータに向けてCQを出している局がいたとき，図3-16のステップ2の操作を行い「TO」を堂平山430に合わせて応答します．

・「RX→CS」キーを長押する

すばやく簡単にセットする方法もあります．「RX→CS」キーを長押しして（ピッピと音がする），CQを出している局のコールサインが表示されたら「RX→CS」キーを放します．これで「TO」にCQを出している局のコールサインがセットされます．

アマチュア無線運用ガイド | 81

写真 3-5 「RX→CS」キーを押しながらダイヤルを回してコールサインを選択する

写真 3-6 「RX→CS」キーもしくは「DR」キーを押して解除しておく

写真 3-7 コールサイン指定の画面

「RX→CS」キーを押しながらダイヤルを回すと，過去に受信した局も表示されるので，呼び出したい相手局を選択して「TO」にセットすることもできます（**写真 3-5**）。

交信が終わったら「RX→CS」か「DR」キーを押して必ず解除しておきます（**写真 3-6**）。

・応答方法

CQ に対する応答方法は，

JR1UTI
こちらは JQ1ZGY 堂平山 430 からです．
どうぞ

と，自局のアクセス・レピータ名を入れて応答します。

CQ を出している局が，自局のアクセス・レピータ（「FROM」に設定しているレピータ）と同じときは「TO」を「CQCQCQ」変えて応答します。「CQCQCQ」は，「FROM」に設定した D-STAR レピータ以外は使用しない（ゲート越えをしない）という意味です。

「TO」が「CQCQCQ」以外になっているときは，次のコールサイン指定呼び出しの操作でも可能です

● コールサイン指定呼び出し

コールサイン指定は，「TO」に設定した相手局が最後に電波を出したレピータに自動的に接続して，自局からの電波を中継してくれる機能です（**写真 3-7**）。これは，D-STAR レピータ・システムのすべてを管理している JARL 管理サーバ

に，どの局がどのD-STARレピータを使用してどのD-STARレピータに接続したかという情報が残っているからできるのです．特定の相手局を呼び出すために，どのD-STARレピータを「TO」に設定するべきかわからないときは，コールサイン指定呼び出しが便利です．

ただし，相手局が堂平山430レピータを使用したあとに，巣鴨430レピータにワッチ先を変えていても，巣鴨430レピータで一度も電波を出していなければ巣鴨430レピータではなく堂平山430 MHzレピータから自局の電波が出てしまうので，相手局にはわかりません．

3-6　D-STAR運用を楽しむためのコツと注意点

D-STARを運用するときの「コツ」や注意する点を何点かまとめておきたいと思います．

① シンプレックスも楽しめる

無線機のモードを「DV」に切り替えるだけで，D-STARレピータを使用しなくても交信ができます．シンプレックス交信も楽しみましょう．

② コールサインの設定ミスに注意

D-STARレピータはコールサインでコントロールしているため，コールサインの設定ミスがあるとゲート越え接続ができないので注意しましょう．

③ 「RX→CS」キーの活用

DRモードと「RX→CS」キーを使えば，設定や応答が簡単にできるので利用しましょう．突然コールされたときでも「RX→CS」キーを活用すれば，あわてずに正しく相手局のコールサインを設定できます．

④ 交信が終わったら接続先を「CQCQCQ」に戻す

ゲート越えの設定やコールサイン指定呼出での交信が終わった後は，「TO」の設定を「CQCQCQ」にしておきましょう．ゲート越えの設定をしたま ま「FORM」のレピータだけのQSO（俗にいう，山かけ通信）を開始してしまうと，「TO」に設定されているレピータからも自分の声が出てしまいます．

⑤ カーチャンクで使用状況を確かめる

あて先「TO」を設定してゲート越えでCQを出すときは，あて先のレピータは聞こえないため使用状況確認の意味でカーチャンクをして「UR？」の表示を確認してからCQを出しましょう．

⑥ カーチャンクを連続して行わないように

カーチャンクは，レピータへのアクセス状況の確認やゲート越え設定をしたとき，コールサイン指定呼出設定などの接続テストなどがあります．CQを出す準備や呼び出しの準備をしている局がいるかもしれないので，カーチャンクの連続や頻繁にカーチャンクを行うのは控えましょう．

⑦ 短時間の交信を心がける

レピータはたくさんの局が使用するので，自局独占使用にならないように短時間の交信を心がけましょう．交信が長くなりそうなとき，シンプレックスで交信ができるのなら，レピータは連絡的な使い方をしてシンプレックスに移るのもマナーと思います．

3-7 いろいろなD-STARを体験して楽しみましょう

　操作や設定が簡単になったID-31, ID-51効果で，D-STAR運用局数は急速に増えました．D-STARは難しいというのは，もう過去の話かもしれません．これからもD-STARユーザーはどんどん増加していくものと思われます．

　今回はレピータを利用した運用の説明が中心になりましたが，D-STARはレピータを利用した楽しみ方だけではなく，シンプレックス運用でも楽しめます．レピータではできないローカル局とのラウンドQSOやラグチューも，クリアな音質でQSOができます．

　1エリアでは，参加自由のシンプレックス・ロールコールが2010年9月から行われていて，2013年3月で46回開催されました．年に1〜2回，長距離伝搬実験として富士山5合目や伊豆大島などからの運用もしています（シンプレックス・ロールコールは，インターネットで「1DVRC」で検索すれば，開催情報などがわかる）．また，JARLの交信記録認定では，2エリアと3エリア間の309kmという記録があります（2013年2月末現在）．

　レピータが毎月どこかで開局しているように，今後もレピータ局数が増加して，アクセス・エリアが拡大していくことは間違いないでしょう．ハンディ機でも，ゲート越えを利用した遠距離通信の交信エリアが広がり，D-STARはますます使いやすい環境になり，手軽に運用ができるシステムとなっていくことでしょう．

　レピータの増加とともに，運用局数が増加してD-STARはにぎわっています．まずは簡単操作の無線機でゲート越えQSOやシンプレックスQSOなど，D-STARを体験し，そしてお楽しみください．

〈JR1UTI　藤田 孝司　ふじた たかし〉

Column 08　D-STARの交信でのQSLカードの書き方

　QSLカードの記入はD-STARの交信でも特別なことはありません．記載例（図3-B）のようにすると良いでしょう．よくある質問は，RSTとモードです．

① **RST**：レピータを使用した交信は，レピータの信号強度でも良いと思いますが，相手局の信号強度ではないため，メリット表記でも良いと思います．シンプレックスQSOの場合は，55や59と記載します．

② **モード**：DVと記入します．電波形式の場合はF7Wになります．

③ **RMKS**：レピータを使用した場合は，備考欄に自局が使用したレピータ名を記載すると，レピータを使用して交信したということもわかります．相手局が使用したレピータ名も記載するとよりわかりやすくなります．

〈JR1UTI〉

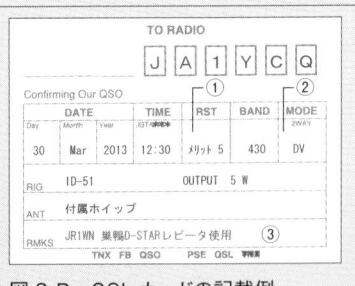

図3-B　QSLカードの記載例

Chapter 03　ハンディ機で日本中とつながる D-STAR で交信しよう！

Column 09　国内各地にある DV モード D-STAR レピータ 一覧

ID-31 および ID-51 と同様の DR モード搭載機での利用することを前提とした，現在国内各地に設置されている DV モード D-STAR レピータの一覧です（**表 3-A**）．

名称に続いて※がある局はインターネット未接続の D-STAR レピータです．D-STAR レピータは次々に増設されているので，最新の情報は筆者の Web サイトでご確認ください．

JR1UTI の Web サイト … **http://www2.odn.ne.jp/jr1uti/**
〈JR1UTI〉

表 3-A　全国の DV モード D-STAR レピータ・リスト（ID-31，ID-51 対応）

No	設置場所	名称	コールサイン	周波数
		1 エリア		
1-01	東京都中央区	浜町 430	JP1YIU	434.40
		浜町 1200	JP1YIU B	1291.69
1-02	東京都江東区	江東 430	JP1YJK	439.07
		江東 1200	JP1YJK B	1291.65
1-03	東京都渋谷区	恵比寿 1200	JR1VF	1291.47
1-04	東京都足立区	東京電機大学 430	JP1YDG	434.26
		東京電機大学 1200	JP1YDG B	1291.27
1-05	東京都豊島区	巣鴨 430	JR1WN	439.13
1-06	東京都西東京市	西東京 430	JP1YIW	439.31
		西東京 1200	JP1YIW B	1291.57
1-07	東京都調布市	調布 1200	JP1YIX	1291.59
1-08	東京都立川市	立川 430	JP1YKU	434.16
1-09	東京都狛江市	狛江 430	JP1YJO	439.29
1-10	神奈川県横浜市港南区	横浜港南台 430	JR1VQ	439.39
1-11	神奈川県横浜市港南区	横浜港南 430	JP1YIQ	439.21
1-12	神奈川県横浜市港北区	横浜港北 430	JP1YJY	434.38
1-13	神奈川県横浜市港青葉区	横浜青葉 430	JP1YKS	434.28
1-14	神奈川県鎌倉市	鎌倉 430	JP1YKP	439.09
1-15	神奈川県藤沢市	湘南工科大学 430	JP1YJV	439.19
		湘南工科大学 1200	JP1YJV B	1291.43
1-16	神奈川県海老名市	海老名 430	JP1YJX	439.05
		海老名 1200	JP1YJX B	1291.41
1-17	千葉県千葉市稲毛区	稲毛 430	JP1YJQ	439.27
		稲毛 1200	JP1YJQ B	1291.45
1-18	千葉県佐倉市	佐倉 430	JP1YKO	434.32
1-19	千葉県香取市	香取 430	JP1YDS	439.21
1-20	千葉県流山市	流山 430	JP1YJR	439.09
1-21	千葉県八街市	八街 430	JP1YJT	434.42
		八街 1200	JP1YJT B	1291.67
1-22	千葉県船橋市	船橋 430	JP1YFY	434.46
		船橋 1200	JP1YFY B	1291.29
1-23	千葉県長生郡長柄町	長柄山 430	JP1YKM	434.22
		長柄山 1200	JP1YKM B	1291.07
1-24	千葉県木更津市	木更津 430	JP1YEM	439.11
		木更津 1200	JP1YEM B	1291.33
1-25	千葉県鴨川市	鴨川 430	JP1YKQ	439.27
1-26	埼玉県入間市	入間 430	JP1YKG	434.14
1-27	埼玉県比企郡ときがわ町	堂平山 430	JP1YKR	439.15
1-28	埼玉県川越市	川越 430	JP1YKW	434.20
1-29	茨城県古河市	古河 430	JP1YIK	439.39
1-30	茨城県つくば市	つくば 430	JP1YJZ	439.41
1-31	茨城県鹿嶋市	鹿嶋 430	JP1YKH	439.29
1-32	茨城県久慈郡大子町	茨城大子 430	JP1YCS	439.19
1-33	茨城県日立市	日立 430	JP1YKL	434.30
1-34	茨城県那珂市	那珂 430	JP1YGY	439.11
1-35	栃木県下都賀郡壬生町	栃木壬生 430	JP1YEV	439.29

(Column 09 のつづき)

1-36	群馬県前橋市	前橋 430	JP1YKT	434.12
1-37	山梨県甲府市	甲府 430	JP1YKV	439.49
	ハムフェア会場（ハムフェア開催中のみ）	ハムフェア臨時 43	JP1YJJ	439.25
		ハムフェア臨時 12	JP1YJJ B	1291.33
2 エリア					
2-01	愛知県名古屋市熱田区	電波学園 1200	JP2YGE	1291.69
2-02	愛知県名古屋市昭和区	名古屋第二日赤 12	JP2YGG	1291.67
2-03	愛知県名古屋市千種区	名古屋大学 430	JP2YGI	439.37
		名古屋大学 1200	JP2YGI B	1291.63
2-04	愛知県春日井市	春日井 430	JP2YGK	439.39
		春日井 1200	JP2YGK B	1291.65
2-05	愛知県西尾市	西尾 430	JP2YDN	439.23
2-06	愛知県弥富市	弥富 430	JP2YHG	434.48
2-07	愛知県額田郡幸田町	幸田 430	JP2YDP	439.41
2-08	愛知県東海市	東海 430	JP2YHE	439.19
2-09	静岡県浜松市東区	浜松 430	JP2YHD	439.21
2-10	静岡県島田市	島田 430	JP2YHH	434.42
2-11	静岡県焼津市	焼津 430	JP2YHF	439.37
2-12	静岡県静岡市葵区	静岡 430	JP2YGY	439.41
2-13	静岡県伊豆の国市	伊豆の国 430	JP2YHC	439.23
2-14	静岡県裾野市	裾野 430	JP2YHA	439.39
2-15	三重県津市(榊原町)	津 430	JP2YER	439.33
2-16	三重県熊野市	熊野 430	JP2YDV	439.47
2-17	岐阜県羽島郡岐南町	岐阜岐南 430	JP2YHB	439.15
2-18	岐阜県岐阜市	岐阜 430 ※	JP2YGR	439.43
2-19	岐阜県岐阜市	岐阜金華山 430 ※	JP2YDS	439.49
2-20	岐阜県加茂郡八百津町	八百津 430 ※	JP2YGA	439.35
3 エリア					
3-01	大阪府大阪市平野区	平野 430	JP3YHH	439.39
		平野 1200	JP3YHH B	1291.63
3-02	大阪府大阪市住之江区	ＷＴＣ 1200	JP3YHF	1291.65
3-03	大阪府大阪市浪速区	大阪日本橋 430	JP3YID	439.49
		大阪日本橋 1200	JP3YID B	1291.61
3-04	大阪府大阪市中央区	大阪中央区 430	JP3YIN	434.44
3-05	大阪府大阪市中央区	大阪谷町 430 ※	JR3VH	439.23
3-06	大阪府東大阪市	生駒山 430	JP3YHJ	439.01
		生駒山 1200	JP3YHJ B	1291.67
3-07	大阪府堺市南区	堺 430	JP3YHT	439.31
3-08	大阪府寝屋川市	寝屋川 430	JP3YHX	439.43
3-09	大阪府柏原市	大阪柏原 430	JP3YFE	439.29
3-10	大阪府池田市	池田 430	JP3YDH	439.09
		池田 1200	JP3YDH B	1291.57
3-11	奈良県奈良市	ならやま 430	JP3YHL	439.49
		ならやま 1200	JP3YHL B	1291.69
3-12	奈良県生駒市	奈良生駒 430	JP3YIE	439.45
3-13	兵庫県神戸市灘区	六甲南 430	JR3VK	439.41
		六甲南 1200	JR3VK B	1291.03
3-14	兵庫県神戸市灘区	灘 430 ※	JP3YES	434.25
3-15	兵庫県姫路市	姫路 430	JP3YIG	439.49
3-16	兵庫県姫路市	姫路奥山 430 ※	JP3YCO	439.05
3-17	京都府京都市右京区	京都嵐山 430	JP3YHV	439.37
3-18	京都府京都市左京区	比叡山 430	JP3YCS	434.06
3-19	京都府京田辺市	京田辺 430	JP3YIO	434.48
3-20	京都府舞鶴市	舞鶴 430	JP3YII	439.49
3-21	滋賀県守山市	滋賀守山 430	JR3WZ	439.47
3-22	和歌山県田辺市	紀伊田辺 430	JP3YIC	439.49
3-23	和歌山県紀の川市	紀の川 430	JR3WV	439.43
3-24	和歌山県新宮市	新宮 430	JP3YIL	439.01
3-25	和歌山県有田郡有田川町	和歌山有田 430	JP3YCV	439.27
		有田 1200	JP3YCV B	1291.23

Chapter 03　ハンディ機で日本中とつながる　D-STARで交信しよう！

3-26	和歌山県伊都郡高野町	高野山 430	JP3YHN	439.03
		高野山 1200	JP3YHN B	1291.59
3-27	和歌山県東牟婁郡串本町	和歌山串本 430	JP3YIH	439.27
4 エリア				
4-01	広島県広島市西区	広島 430	JP4YDU	439.49
		広島 1200	JP4YDU B	1291.69
4-02	岡山県倉敷市	倉敷 430	JP4YDV	439.33
4-03	岡山県津山市 --	津山 430 ※	JP4YDD	439.29
4-04	山口県大島郡周防大島町	山口周防大島 430	JP4YDW	439.47
4-05	山口県岩国市	岩国 430	JP4YDX	439.35
4-06	山口県防府市	防府 430	JR4WY	439.43
5 エリア				
5-01	香川県高松市	高松 430	JP5YCN	439.43
5-02	愛媛県松山市	松山 430	JP5YCO	439.45
		松山 1200	JP5YCO B	1291.67
5-03	高知県高知市	高知 430	JP5YCQ	439.47
5-04	徳島県徳島市	徳島 430	JP5YCR	439.37
6 エリア				
6-01	福岡県糟屋郡篠栗町	福岡 430	JP6YHS	439.13
		福岡 1200	JP6YHS B	1291.09
6-02	熊本県熊本市東区	熊本 430	JP6YHN	439.03
6-03	熊本県八代市	八代 430	JP6YHR	439.45
6-04	長崎県長崎市	長崎 430	JP6YHI	439.47
6-05	鹿児島県薩摩川内市	薩摩川内 430	JP6YHM	439.39
6-06	鹿児島県霧島市	霧島 430	JP6YHV	439.41
6-07	宮崎県宮崎市	宮崎 430	JP6YHW	439.47
6-08	宮崎県都城市	都城 430	JP6YHU	439.49
6-09	沖縄県宜野湾市	宜野湾 430	JR6YZ	439.45
7 エリア				
7-01	宮城県仙台市若林区	仙台 430	JP7YEL	439.49
		仙台 1200	JP7YEL B	1291.69
7-02	青森県青森市	青森 430	JR7WQ	439.49
7-03	青森県三戸郡階上町	八戸 430	JP7YEM	439.07
7-04	岩手県岩手郡滝沢村	岩手滝沢 430	JR7WD	439.47
7-05	秋田県秋田市	秋田 430	JP7YER	439.43
7-06	秋田県大館市	大館 430	JP7YES	439.41
7-07	山形県天童市	天童 430	JR7WI	439.39
7-08	福島県郡山市	郡山 430	JR7WM	439.49
8 エリア				
8-01	北海道札幌市豊平区	札幌 430	JP8YDZ	439.49
		札幌 1200	JP8YDZ B	1291.69
8-02	北海道函館市	函館 430	JP8YEA	439.03
8-03	北海道千歳市	千歳 430	JP8YEB	439.47
8-04	北海道帯広市	帯広 430	JP8YEC	439.45
8-05	北海道旭川市	旭川 430	JP8YEE	439.43
8-06	北海道北見市	北見 430	JP8YEF	439.41
8-07	北海道広尾郡広尾町	広尾 430	JP8YEG	439.39
9 エリア				
9-01	石川県金沢市	金沢 430	JP9YEH	439.49
9-02	富山県高岡市	高岡 430	JP9YEG	439.03
9-03	富山県南砺市	南砺 430	JP9YEI	439.47
9-04	福井県福井市	福井 430	JP9YEJ	439.45
0 エリア				
0-01	新潟県新潟市西区	新潟 430	JP0YDR	439.19
0-02	新潟県村上市	村上 430	JP0YDT	439.45
0-03	新潟県長岡市	長岡 430	JP0YDU	439.43
0-04	長野県上田市	上田 430	JP0YDP	439.03
0-05	長野県上田市	美ヶ原 430	JP0YCI	439.07

※はインターネット未接続レピータ　　　　　　　　　　　　　　2013 年 3 月 19 日現在
周波数が 434.xx は＋5 MHz シフト（＋DUP）

Chapter 04
インターネットを利用してV/UHF帯で遠距離と交信しよう はじめての WIRES 運用

4-1 WIRES とは

WIRES（ワイヤーズ）[※1] と聞いて皆さんは，「よく聞くけどなんだか難しそうでわからない」「インターネットを使用した無線と聞くが面倒な設定が必要じゃないの？」「特別な無線機が必要なんでしょ」と，思っているかもしれませんが，それは大きな誤解です．トーンスケルチと DTMF の送出ができる無線機があれば，今すぐ WIRES を楽しめます．誰でも気軽に使用できるのが WIRES の最大のポイントです．

とは言いながら，通常の FM での交信（シンプレックス）とは異なり，インターネットを使用した無線ということで，少しだけ運用に関して知識が必要です．でも，このページを読んでいただければ，すぐにでも現在使っている無線機で WIRES を楽しんでいただけると思います．

現在お手元にある，V/UHF 帯の無線機の電源を ON にして，本稿を読み進めてください．

● WIRES とはどのようなものか．

WIRES は，八重洲無線が運営する VoIP 無線システムです（図 4-1）．インターネットを使用したアマチュア無線ということで，EchoLink（エコーリンク）などと同様に近年たいへん人気があり，ハンディ機さえあれば，国内だけでなく海外のどことでも交信ができてしまう，夢のような無線システムです．

タワーや大きな HF のアンテナがなくても，海外との交信が可能です．

● WIRES の交信を楽しむためにこれだけは理解したいこと

WIRES を運用するにあたり，最低限理解したいのは，どのように自分の送信した電波が相手に届いているかです．

自局から送信した電波は，ノード局 A で受信され，ノード局 A からインターネット回線でノード局 B に送られます．相手局は，ノード局 B から送信された電波を受信をします．この送受信の切り替えで，WIRES 経由の交信が成立します（図 4-2）．

ノード局とは，インターネットに接続された無線機を設置しているアマチュア無線局のことです．

[※1] 正式名称は WiRES-Ⅱですが，本章では WIRES と表記します．

Chapter 04　インターネットを利用してV/UHF帯で遠距離と交信しよう　はじめてのWIRES運用

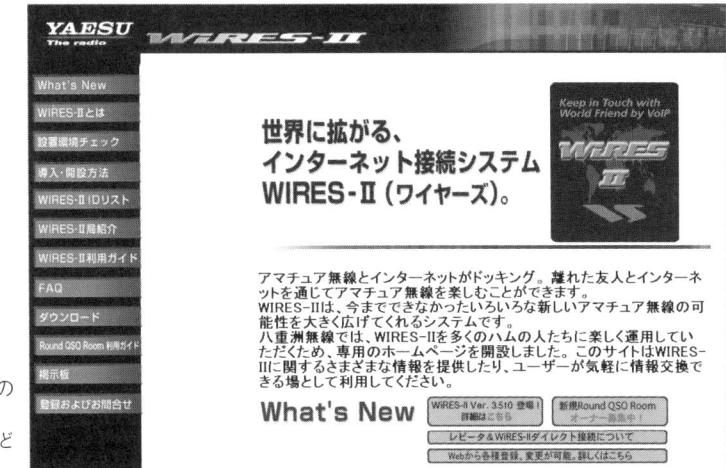

図 4-1
八重洲無線　WiRES-II の
Web サイト
ノード局やルーム，FAQ など
さまざまな情報が得られる

図 4-2　WIRES の交信イメージ

4-2　ノード局を探す

　WIRES を楽しむためにはノード局が必要ですが，言い換えれば双方の交信局の近くにノード局が存在しないと，WIRES での交信は不可能です．

● 自局の近くにノード局はあるの？

　これまでの説明で，自局の近く（電波が届く範囲）にノード局が存在するかどうかが，WIRES を楽しむのに重要であるとおわかりいただけたことでしょう．

　そこで，まず自局近くにノード局が存在するのかを検索する必要があります．WIRES は VoIP 無線システムなので，バンドプランにある VoIP 区分の周波数の区分で運用しています．

　WIRES は主に 144 MHz 帯や 430 MHz 帯で運用されているので（**図 4-3**），この周波数帯の VoIP 区分の周波数を直接サーチして探すのも一つの方法ですが，それではたいへんです．

　最新の情報はインターネットでも検索可能です．お勧めのノード局検索サイトは，「東京 WiRES ハムクラブ JQ1YDA（**http://jq1yda.org/**）」です（**図 4-4**）．この Web サイトからは，ノード局の検索や一覧表の pdf ファイルのダウンロードができるだけでなく，WIRES 全般

■144MHz帯（2mバンド）

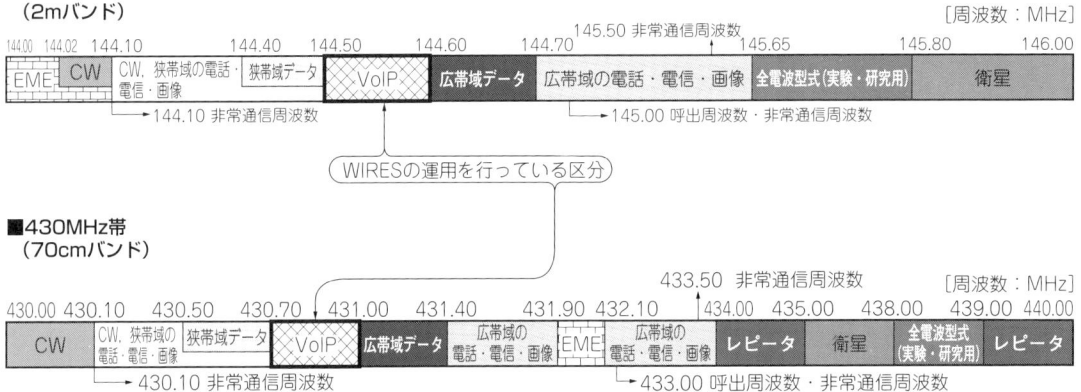

図 4-3　WIRES が運用できるバンドプラン

144.00 / 144.02 / 144.10 / 144.40 / 144.50 / 144.60 / 144.70 / 145.50 非常通信周波数 / 145.65 / 145.80 / 146.00　［周波数：MHz］

EME | CW | CW，狭帯域の電話・電信・画像 | 狭帯域データ | VoIP | 広帯域データ | 広帯域の電話・電信・画像 | 全電波型式（実験・研究用） | 衛星

→ 144.10 非常通信周波数
→ 145.00 呼出周波数・非常通信周波数

（WIRES の運用を行っている区分）

■430MHz帯（70cmバンド）

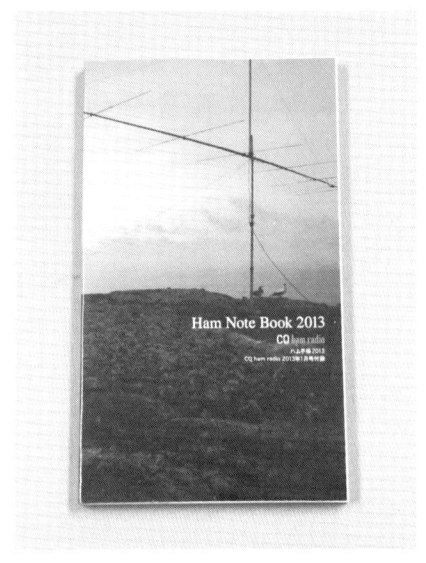

430.00 / 430.10 / 430.50 / 430.70 / 431.00 / 431.40 / 431.90 / 432.10 / 433.50 非常通信周波数 / 434.00 / 435.00 / 438.00 / 439.00 / 440.00　［周波数：MHz］

CW | CW，狭帯域の電話・電信・画像 | 狭帯域データ | VoIP | 広帯域データ | 広帯域の電話・電信・画像 | EME | 広帯域の電話・電信・画像 | レピータ | 衛星 | 全電波型式（実験・研究用） | レピータ

→ 430.10 非常通信周波数
→ 433.00 呼出周波数・非常通信周波数

写真 4-1　CQ ham radio 2013 年 1 月号別冊付録　ハム手帳 2013

図 4-4　東京 WiRES ハムクラブの Web サイト

のさまざまな情報が得られます．

また，CQ Ham Radio 1 月号の別冊付録として毎年用意されている「ハム手帳（**写真 4-1**）」には，「WIRES-Ⅱノード局リスト（**図 4-5**）」が掲載されているので，まずこれを手掛かりに検索してみてください．

ここの検索で表示されたノード局は，「公開ノード」と呼ばれ，誰でも使用が可能です．最低限のマナーを守り，交信を楽しんでください．

● WIRES の交信には二つの方法がある．

WIRES には，独自の交信方法があります．

・ノード to ノードと呼ばれる 1 対 1 での交信方法

これは，通常の FM や SSB での 1 対 1 の交

Chapter 04　インターネットを利用してV/UHF帯で遠距離と交信しよう　はじめてのWIRES運用

WIRES-Ⅱノード局リスト　2013年版について

WIRESは誰でも自由に使えるオープンなノード局が積極的に運用されています．それらのノード局の利用を喚起し公共的なネットワークとしての発展を応援する観点から，インターネット上で公開されているノード局情報を元に，この目的に合致すると思われるノード局を以下の基準に基づいて抜粋し，公開しているものです．

掲載基準

- 情報収集日時においてオンライン状態でかつデータが適切に公開されており以下の要件を満たす局を優先的に掲載しています．
① 運用周波数を公開している．
② 50MHz〜430MHz帯の場合は，VoIP通信区分/レピータ局を利用している．
③ 掲載依頼があった局．
- 上記の要件を満たしても，次に示す理由により掲載されない局もあります．
① 特定ルームへの常時接続である旨を表記，またはそれが推測できる局．
② テスト運用である旨が備考欄に表記されている局．
③ クラブやグループ専用，個人専用ノード局と判明した場合，またはそれと推測できる局．
- このほか，例外的に掲載依頼に基づくデータも掲載しています．

情報ソース：インターネット上で公開されているWIRES-Ⅱノード局オンライン・リスト，WIRES-Ⅱ IDリスト．
情報収集日時：2012年10月26日(金) 1200，2012年10月28日(日) 1200

備考欄略号の意味

Webサイトのノード局リスト内にあるコメント欄に記載された情報に基づく参考情報を記号と略号で記載．
＊…公開ノードである旨がコメント欄に記載されている局．
QRP…送信出力5W以下(1200MHz帯以下)．
NFM…(スーパー)ナローFMでの運用．
R…レピータ・ダイレクト接続ノード局．
RL…レピータ・リンク接続ノード局．
G…ほかのVoIP無線ネットワークとのゲート運用．
S…送受信の周波数が異なる場合のシフト方向とその周波数(kHz)．

追加修正情報について

ノード局の運用周波数や起動トーンは，変更になる場合があります．最新情報はオンライン・リストやノード局検索サイトでご確認ください．
追加・削除・変更などの情報がございましたら，東京WIRESハムクラブjq1yda@cqwires.comあてに，電子メールでご一報ください．

参考URL：「WIRES-Ⅱ IDリスト」…http://www.yaesu.com/jp/wiresinfo/
「LATEST WIRES-Ⅱ ACTIVE ID LIST」…
http://www.yaesu.com/jp/en/wiresinfo-en/activelist.html
「東京WIRESハムクラブJQ1YDA」…http://jq1yda.org/
携帯サイト「WIRES-Ⅱ情報」…http://jq1yda.org/i/
「JQ1ZEV WIRESネットワークコミュニティーズ」…
http://blog.goo.ne.jp/jq1zev

WIRES-Ⅱノード局リスト 2013年版

2012年10月28日現在

ノード番号	コールサイン	運用場所		周波数	トーン/DCS	備考
29/50MHz帯						
6597	JK1KWY	神奈川県	横浜市磯子区	29.060	T：67.0Hz	
6542	JN7RGC	秋田県	山本郡	52.160	T：77.0Hz	
4765	JE1GQM	東京都	北区	52.040	T：85.5Hz	
5031	JN1YBQ	東京都	板橋区	52.080	T：88.5Hz	
5037	JJ1SXA	東京都	立川市	52.240	NoTone	
6218	JI1MGX	東京都	府中市	52.020	T：77.0Hz	＊
5975	JQ1YDA	東京都	狛江市	52.120	T：156.7Hz	＊
5276	JA1DXG	神奈川県	横浜市	52.160	T：88.5Hz	
6050	JF1UJD	神奈川県	相模原市緑区	52.160	T：88.5Hz	＊
4877	JI1WMI	茨城県	牛久市	52.200	T：100.0Hz	
6550	JI1DKO	茨城県	那珂市	52.200		
3257	JL1GAS	群馬県	館林市	52.200		
4632	JI2ZLH	静岡県	静岡市	52.140		
4758	JR2YJC	愛知県	名古屋市	52.160	T：88.5Hz	
6468	JM3LBX	京都府	京都市	52.200	T：71.9Hz	
6041	JI3AOM	京都府	亀岡市	52.200	T：77.0Hz	
3301	JH3DHC	大阪府	豊能郡	52.120	T：100.0Hz	＊
6516	JJ3DYV	兵庫県	神戸市	52.160	T：100.0Hz	
6469	JK3SPC	兵庫県	宝塚市	52.240	T：250.3Hz	
4675	JH9YKA	福井県	福井市	52.020	T：67.0Hz	
144MHz帯						
5829	JH8YHI	北海道	旭川市	144.540	T：88.5Hz	
3314	JJ8HXY	北海道	上川郡下川町	144.580	T：127.3Hz	＊
3205	JA8EJJ	北海道	北見市	144.520	T：82.5Hz	
6686	JH8JCK	北海道	紋別市	144.560	T：88.5Hz	＊
3078	JG7NZF	青森県	青森市	144.520	T：94.8Hz	＊ QRP
5720	JE7YSK	青森県	八戸市	144.520	T：82.5Hz	
6541	JM7FWV	青森県	北津軽郡	144.580	T：123.0Hz	
5717	JH7LSD	岩手県	盛岡市	144.520		＊
4995	JA7THO	岩手県	宮古市	144.560		
6186	JH7JMW	岩手県	久慈市	144.540	T：77.0Hz	
4999	JE7YYF	岩手県	陸前高田市	144.580		
3022	JR7YHZ	岩手県	八幡平市	144.580		
3036	JO7MKL	岩手県	岩手郡岩手町	144.570	T：97.4Hz	＊
3030	JO7JQF	岩手県	下閉伊郡	144.600	T：88.5Hz	
4996	JH7WWD	岩手県	下閉伊郡	144.520		
3262	JH7YJF	秋田県	大館市	144.540	T：88.5Hz	
6065	JR7JNX	山形県	鶴岡市	144.550	T：88.5Hz	NFM
4750	JH7OTV	山形県	東置賜郡川西町	144.600	T：107.2Hz	
4579	JM7MIO/7	宮城県	多賀城市	144.520		
4871	JF7GMD	宮城県	柴田郡	144.540	T：103.5Hz	
4889	JN7PKC	福島県	福島市	144.560	T：100.0Hz	
4828	JE7YXW	福島県	郡山市	144.520	T：88.5Hz	
6283	JG7PTM	福島県	喜多方市	144.580		
6510	JE7WSC	福島県	田村市	144.600	T：88.5Hz	
6479	JJ0NOO	新潟県	新潟市	144.520	T：123.0Hz	
6122	JA0ONU	新潟県	長岡市	144.600	T：77.0Hz	
6149	JR0GBO	新潟県	三条市	144.540	T：110.9Hz	
3057	JF0WBW	長野県	安曇野市	144.560	T：79.7Hz	＊

図4-5　WIRES-Ⅱノード局リスト（ハム手帳2013より）

信とほぼ同様と考えて良いと思います．電波が相手局に伝わる経路の途中にノード局とインターネットがあるだけで，あとは普通の交信と同じです．

● ルームによる交信方法

WIRESには，多くの局が集まるルームという概念があります．これを簡単に言うと，文字どおりの「部屋」という考えで良いと思います（**図4-6**）．

WIRESという大きな集合住宅に，いろんな住民が住んでいます．それぞれのお宅（ルーム）には，いろんな方が住んでらっしゃるように，WIRES

のルームにもいろんな局が集まっています（国内だけでなく海外の局がいることも）．

その部屋には複数の局が待機しているので，交信は1対1ではなく複数の局と交信できます．その交信内容は，その部屋に入室している全員に聞こえているので，一つの部屋に北海道から沖縄までの局が入室していれば，全国エリア規模でのラウンドQSOが楽しめるわけです．

国内のルームでは，0510ルーム（ALL JA CQ ROOM #1）が有名で，毎日多くの局がルームに入っています．ときどき海外の局のルーム・インもあり，CQを出して国内外の局と交信を楽しめるルームです．

	WIRES		
ルームナンバー0100	ルームナンバー0130	ルームナンバー0131	ルームナンバー0138
ルームナンバー0201	ルームナンバー0202	ルームナンバー0203	ルームナンバー0204
ルームナンバー0205	ルームナンバー0206	ルームナンバー0207	ルームナンバー0208
ルームナンバー0901	ルームナンバー0902	ルームナンバー0903	ルームナンバー0904
ルームナンバー0993	ルームナンバー0994	ルームナンバー0995	ルームナンバー0996

ルームナンバーの01から始まる番号は海外局に割り当てられている日本の局には020からが割り当てられている

図4-6　WIRESのルーム概念

4-3　WIRESで交信しよう

● ノード局にアクセスするにはどんな無線機が必要？

近くにアクセスできそうなノード局は見つかりましたか？ そのノード局の運用周波数は144MHzでしたか？ 430MHzでしたか？ 大半のノード局が144MHzか430MHzで運用しています．

あなたがWIRESの運用に使用する無線機は，FMモードのモービル機かハンディ機ではないかと思います．無線機選びの重要なポイントは，トーンスケルチ機能とDTMF機能が搭載されているかどうか？ ということです．

・トーンスケルチ

ノード局の情報の中には，トーンスケルチについての項目も掲載されています．使用する無線機の説明書に従い，トーンスケルチを記載されているトーンに設定します（**写真4-2**）．ノード局の運用周波数に無線機の受信周波数を合わせ，電波が受信できるかを確認してください．

・DCS

先ほどのノード局リストにあるトーンスケルチの項目に，DCSと表記されている局を見つけることができます（ハム手帳のWIRESノード局リストでは「D：」と表示）．

DCSとはDigital-Coded Squelchのことで，デジタルコードでスケルチを設定します（**写真4-3**）．通常のトーンスケルチとは異なりますが，働きはトーンスケルチと同じです．設定方法は，使用する無線機の取扱説明書で確認してください．

・DTMF

WIRESのノード局にアクセスするには，DTMFを使ったDTMFコマンド（**表4-1**）やノード局

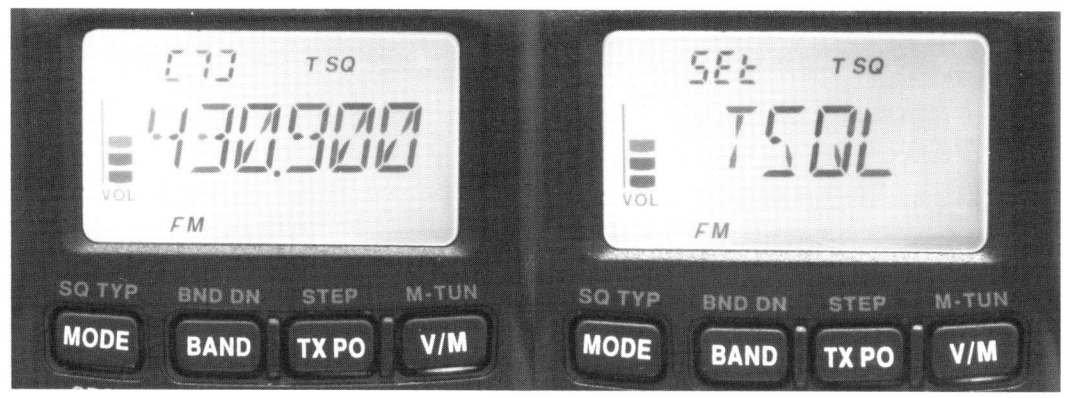

Chapter 04　インターネットを利用してV/UHF帯で遠距離と交信しよう　はじめてのWIRES運用

写真 4-2　トーンスケルチの設定例

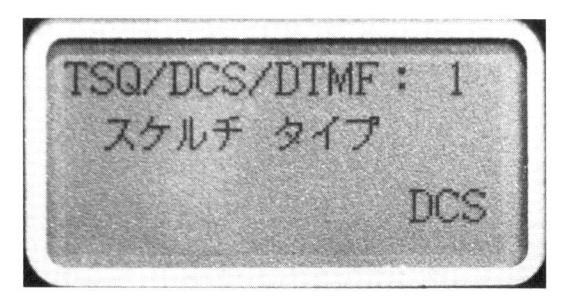

写真 4-3　DCS の設定例

写真 4-4　VX-7 での DTMF メモリ設定例
#を F で入力する

表 4-1　DTMF コマンド

DTMF コマンド	コマンドによる動作
#6666D または #66666	現在の接続状態をアナウンスする
#7777D または #77777	オンラインになっているノードへランダムに接続する．CQ コマンド
#8888D または #88888	切断した直前のノード局へ接続する
#9999D または #99999 または ＊	リンクを切断する

の ID 番号やルーム番号を送出する必要があります．

　テンキーを装備している無線機では，PTT を押しながらテンキーを押すと DTMF コマンドや ID 番号を送出できます．

　テンキーを装備していない無線機の場合，DTMF メモリ機能を装備していれば DTMF コマンドや ID 番号の送出ができます．ただし，無線機によっては「#」と「＊」がディスプレイに表示されず，別の文字に置き換えられていることがあります．例えば，八重洲無線の VX シリーズや FT-8800/FT-8900 などの場合，「#」は「F」に「＊」は「E」に置き換えられています（**写真 4-4**）．この場合，切断コードの「#9999D」は「F9999D」になります．

　テンキーを装備している無線機でも，切断コード「#9999D」やアクセスする回数が多いノード局の ID 番号などを，DTMF メモリに登録しておくと便利です．

● ノード局の状態を確認する

　使用したいノード局の信号が確認できたら，

ノード局からのアナウンスをよく聞いてノード局がどのような状態なのかを確認します．約10分ごとに次のようなアナウンスが流れています．

「no connected」

このアナウンスが聞こえてきたら，そのノード局はどこのルームにも接続されていない，誰とも交信できない状況です．

この時点では，CQを出したとしても，音声はインターネットを通してどこにも送信されないので，ノード局のID番号やルーム番号を送出して，接続する必要があります．

「connected to 0510（ルーム番号など）50 nodes（接続ノード数）」

このアナウンスが聞こえてきたら，WIRESのルームに接続され，そのルーム内には何局のノード局が入室しているかを示します．したがって，あなたが送信した電波は，同じルーム内のノードから送信されます（アナウンスの内容は，各ノー

Column 10　トーンスケルチについて

● トーンスケルチとは

トーンスケルチは，特定の相手方と交信したいときに使う機能で，FMモードで使われます．設定したトーン周波数が含まれた信号を受信したときだけにスケルチが開くので，余分な信号を受信することがありません．

この機能を利用して，WIRESのノード局は必要な信号だけを受信しているので，トーンスケルチを正しく設定しないと，ノード局に自局の信号を受信してもらえません．このため，ノード局にアクセスするときは，トーンスケルチの設定を正しく行う必要があります．

ただし，トーンスケルチは受信する相手方を選択するための機能なので，自局がトーンスケルチを設定していなければ，トーンスケルチを設定している信号も受信できます．

● 古い無線機はオプション扱い

トーンスケルチは，近年に発売されたFMモードの無線機には標準の機能として装備されています．しかし，古い無線機の場合はオプションの場合もあります．

先日入手したアイコムのIC-W31もその1台で，オプションのトーンスケルチ・ユニットは内蔵されていませんでした．しかし，送信側はトーンエンコーダ機能でトーンを設定することができ（写真4-A），トーン周波数は，67.0〜254.1 Hzまで設定が可能です．

トーンスケルチと違い，受信側はトーンによる制御をしていませんが，WIRESのノード局からの電波を受信する場合には問題はないので，WIRESのアクセス機としては使用が可能です．

● トーンスケルチ設定例

トーンスケルチ設定の手順を八重洲無線のVX-3を例に，123 Hzに設定する手順を説明します．

① [TX PO] を長押してセットモード入り，ダイヤルを回して「79 SQ TYP」を選択（写真4-B）．

② [TX PO] を短押して，スケルチ・タイプの設定画面を表示させる．

③ ダイヤルを回して「TSQL」を選択（写真4-C）．

④ [TX PO] を短押してメニュー

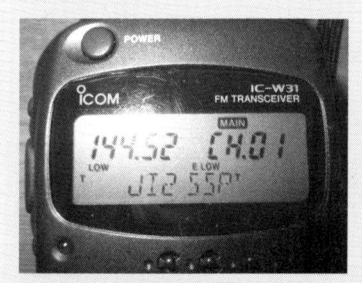

写真 4-A　144.52 MHzでトーンエンコーダを設定

写真 4-B　セットモードの「79 SQ TYP」を選択

写真 4-C　「TSQL」を選択

Chapter 04　インターネットを利用してV/UHF帯で遠距離と交信しよう はじめてのWIRES運用

ドごとに違いがある）．

　ルームに関する情報も，「東京 WIRES ハムクラブ JQ1YDA」の Web サイトから検索が可能です．

　では，早速 WIRES を体験してみましょう．

① ノード局からの信号を十分にワッチして，誰も交信していないことを確認する．

② 自局が使用するノード局がどのルームにも接続していない場合は，接続を行う必要がある．

どこに接続されているか不明の場合は，DTMF コマンドで「#6666D」を送信し，現在の接続状況を確認する．次のようなアナウンスが流れる．

「This is JA1YCQ（ノード局のコールサイン） WIRES no connected」

　このとき，このノード局はどこにも接続されていない．

「This is JA1YCQ（ノード局のコールサイン）

モードに戻る．

⑤ ダイヤルを回し「86 TN FRQ」を選択（**写真 4-D**）．

⑥ [TX PO] を短押した後，ダイヤルを回して「123HZ」を選択する（**写真 4-E**）．

⑦ [TX PO] を短押しに続き [TX PO] を長押して通常画面に戻り，画面に「T SQ」表示されていたら設定完了（**写真 4-F**）．

　ここでは VX-3 を例に設定方法を紹介しましたが，ほかの無線機でもセットモードからスケルチ・タイプでトーンスケルチを選択して，トーン周波数を選択するという流れになります．

　なお，トーンスケルチが設定されたときのディスプレイの表示は無線機によってそれぞれ違います（**写真 4-G**）．無線機の取扱説明書で確認してください．　〈JI2SSP〉

写真 4-D　「86 TN FRQ」を選択

写真 4-E　ダイヤルを回して「123 HZ」を選択

写真 4-F　画面に「T SQ」表示されていたら設定完了

写真 4-G　トーンスケルチを設定した無線機のディスプレイ
FT-857（写真左）は「T-SQL」FT-7900 は「ENC, DEC」と表示される

WIRES connected to 0901 5 nodes（ルーム番号と接続ノード数）」

このとき，ノード局はルームに接続済みであることをアナウンスしている．

③ ノード局が接続されていなければ，接続したいルーム番号もしくは，ノード局のID番号をDTMFで送信する．接続に成功すると，次のようなアナウンスが聞こえる．

例…0901ルームに接続した場合

「This is JA1YCQ（ノード局のコールサイン）WIRES connected to 0901 3 nodes（ルーム番号と接続ノード数）」

例…4737ノードに接続した場合

「This is JA1YCQ（ノード局のコールサイン）WIRES connected to 4737」

希望のルームまたはノード局に接続ができたら，CQを出してみましょう．

● WIRESでの交信例

いよいよWIRESでの運用開始です．でもその前に，通常のシンプレックス交信と違う点を説明します．

先ほども説明したとおり，自局から送信した電波はノード局Aで受信され，そこからインターネット回線通じてノード局Bに送られます．相手局は，ノード局Bから送信された電波を受信をします．

2局間の交信はインターネットを経由するため，若干のタイムラグが発生します．そこで，交信中のブレーク・タイムを長めに（3～5秒程度）取り，PTTを押した後の話始めを1秒～2秒程度空けると，頭切れがない交信が楽しめます．最初は慣れませんが，数回交信を行うと，自然とマスターできます．

それでは，交信を始めます．JI2SSPとJF2OWNの交信を例に，交信の流れを図4-7で説明します．JI2SSPは4737ノードから，JF2OWNは5488ノードから，それぞれ0901ルーム（交信例にはルーム・ナンバーは出てこない）に接続しています．

交信例を見るとわかるように，交信の内容は通常のシンプレックス交信となんら変わりません．くどいようですが，ブレーク・タイムを長めに取ることと，PTTを押して1～2秒後に話し始めることだけは意識してください．

交信が終わったら，CQを出した局が切断コマンドを送出します．無線機のPTTを押しながら，テンキーもしくDTMFメモリで「＃9999D」を送出します．

ルームでの交信には，各ルームによりローカル・ルールがあると思いますが，通常は約10分程度を目安に行われます．また深夜などでも20分を目安にしているルームが多いと思います．特に入室している局数が多いルームでは，長時間使用にならないように，注意が必要です．交信を続ける必要があれば，ノードtoノード（ルームに入らず直接ノード局同士を接続する）に移行したり，可能であれば通常のシンプレックスに移行したりして，ルームを長時間専有しないようにします．

● その他の注意点

運用に際しては，出力を必要最小限にすることが好ましいでしょう．自局からの信号がノード局まで十分な信号強度で届いていれば，できる限り出力は下げてください．不用意なハイパワーは，同一の周波数で運用する別のノード局へ混信を与えてしまいます．十分な配慮が必要です．

Chapter 04　インターネットを利用してV/UHF帯で遠距離と交信しよう　はじめてのWIRES運用

交信内容	解　説
【JI2SSP】 CQ CQ CQ WIRES こちらは JI2SSP　ジュリエット インディア ツー　シアラ シアラ パパ　JI2SSP 入感局ありましたら交信お願いします こちらは JI2SSP　4737 ノードからです 受信します	PTTを押して1～2秒後にCQを出す シンプレックスの交信（通常の交信）ではすぐに応答があるが，WIRESのルームでの交信の場合，10秒～30秒ほど後に応答があるケースも多い 通常，2回程度CQを出して応答がない場合は，時間をおいて再度CQを出す
【JF2OWN】 JI2SSP こちらは JF2OWN ジュリエット フォックストロット ツー オスカー ウィスキー ノベンバー JF2OWN です 入感ありますか どうぞ	相手の送信完了から約5秒ほど待機 PTTを押して1～2秒後に話始めること
【JI2SSP】 JF2OWN こちらは JI2SSP です コールありがとうございます 信号はメリット 5 で入感しています 名前は平岡といいます，QTH は岐阜県加茂郡です 現在 4737 ノードを使用してアクセスしています JF2OWN こちらは JI2SSP です どうぞ	RSレポートではなく，メリット（音声の了解度のレポート）だけを送る
【JF2OWN】 JI2SSP，こちらは JF2OWN 了解しました こちらにもメリット 5 で入感しています 名前は山田といいます，QTH は岐阜県不破郡です 現在 5488 ノードを使用しています JI2SSP，JF2OWN です どうぞ	現在自分が使用しているノード局をあきらかにするために，ノード番号を伝えることがあるが，必ずしもその必要はない
中略	通常の交信を行う．時間は10分以内を目安に． 1回の送信は3分以内で行うこと
【JI2SSP】 JF2OWN，こちらは JI2SSP です 山田さん了解しました．初めての交信ですね 今後ともよろしくお願いします 当方固定からとモービルからも運用していますので聞こえていましたら交信お願いします JF2OWN，こちらは JI2SSP です どうぞ	
【JF2OWN】 JI2SSP，こちらは JF2OWN です 了解しました 初めての交信ありがとうございました また，聞こえましたら交信お願いします さようなら	
【JI2SSP】 各局以上で交信を終了します	交信が終了したことを明らかにするために，CQを出した側が交信の最後にこのアナウンスを行うことが多い 交信が終了したら切断コマンドを送出して切断する #9999D もしくは #9999 を送出する

図 4-7　WIRES での交信例

4-4 よくある質問

WIRES ビギナーからよく聞かれる質問を紹介します．

・ノード局を自由に使用してもいいの？

公開ノードとして運用しているノードは，近隣の局に使用してもらうことを前提に運用されているので，誰が使ってもかまいません．最低限のマナーを守って使用してください．

・QSL カードは交換するの？

QSL カードの交換をする方は少ないですね．でも，交換してはいけないということはありません．

QSL カードには WIRES を使用して交信したことを付け加えて発行してください．Remarks に「VIA WIRES」を記載し，自局が使用したノード局番号を入れておくとよいでしょう．

・DTMF が出ない無線機はどうすればいい？

無線機に DTMF の送出機能がないときは，パソコンで DTMF を発生させるソフトウェアで代

図 4-8　スマートフォン用 DTMF アプリケーション「DTMF ダイヤラー」

図 4-9
WiRES Chat 2010

98　アマチュア無線運用ガイド

用ができます．また，スマートフォンのDTMFのアプリ（図4-8）を使用することも可能です．パソコンやスマートフォンのスピーカから出るDTMF音を，無線機のマイクで拾って送信させます．

さらに，DTMFを送出しなくてもWIRESを利用できるケースがあります．WIRESは，DTMFでノード局との接続や切断を行っていますが，一度つながってしまえば，あとはDTMFがなくても交信することができます．つまり，ノード局から聞こえてきた局に対しての応答ができるのです．近隣のノード局をワッチして，聞こえてきた局に応答するところから始めるのも良いかもしれません．

4-5　WIRESを楽しみましょう

VoIP無線は，まだまだ歴史の浅いシステムです．そのため，楽しみ方はどんどん広がっています．WIRESでは，APRSと融合したWiRES Chat 2010[※2]（図4-9）などのアプリケーションを使用して楽しいQSOができます．ノード局は現在でも増加傾向にあり，運用できる地域も広がっています．ぜひ，皆さんもWIRESで楽しい交信を行ってください．

※2　JM7MUU 本田さんが公開しているソフトウェア．
http://jm7muu.com

〈JI2SSP　平岡　守　ひらおか　まもる〉

Column 11　近くにノード局がなかったら自分で開設できる

本章では，ノード局の利用のみをお伝えしましたが，どうしても近隣のノード局にアクセスできなければ，自分でノード局を開設することもできます．ノード局は誰でもアクセスできるような公開ノードが歓迎されますが，自局のみがアクセスする「プライベート・ノード」と呼ばれるノード局も増えています．

ノード局の開設に必要なものは，次のとおりです．
- WIRES-Ⅱ コントローラ「HRI-100」（写真4-H）
- ノード局用FMトランシーバ　パケット端子，トーンスケルチ機能搭載機種
- パーソナル・コンピュータ　Windows XP以降
- インターネット回線　ADSL 8Mbps以上
- ノード局用アンテナ　5/8λ2段程度のアンテナが多い．プライベート・ノードの場合は室内アンテナでもOK．

ノード局の開設にあたっては，免許の変更申請などは必要なく，手続きとしては八重洲無線にユーザー登録を行い，ノード番号を受け取るのみです．

ノード局の開設には，ルーターの設定などパソコンやネットワーク機器への少々の理解が必要であり，周波数の選定を慎重に行わなくてはならないなど，越えなければならないハードルはいくつかあります．しかし，それをクリアできれば快適にWIRESでの交信が可能になります．

ノード局の開設については，八重洲無線のWiRES-Ⅱ公式Webサイト（http://www.yaesu.com/jp/wiresinfo）や東京WiRESハムクラブWebサイト（http://jq1yda.org/）に詳細な説明があります．

〈CQ hamradio 編集部〉

写真4-H　WIRES-Ⅱコントローラ「HRI-100」

Chapter 05

PCと無線機を接続する
デジタルモード用インターフェース

　昔は専用の装置が必要だったRTTYやSSTVなどのデジタルモードは，現在はパーソナル・コンピュータ（以下，PC）の音声入出力機能とデジタルモード用ソフトウェアを使用して運用する局がほとんどです．PCを利用すると，とても簡単にデジタルモードの運用ができます．ただし，PCを利用してデジタルモードの運用を行うには，無線機とPCを接続するためのデジタルモード用インターフェース（以下，インターフェース）が必要です．

　本章では，このデジタルモード用インターフェースの解説と接続例を紹介します．インターフェースを理解できれば，さまざまなデジタルモードの運用に応用できます．

5-1　インターフェースの基本

　インターフェースに必要とされる基本的な機能は，次のとおりです．
① PCからの音声出力を無線機の音声入力に接続する機能．
② 無線機からの音声出力をPCの音声入力に接続する機能．
③ PCから無線機のPTTを制御する機能．
④ RTTYをFSKで運用する場合には，PCから無線機のFSK端子をキーイングする機能．
⑤ 日本国内のSSTVの運用では，同一周波数でSSBで交信を行うことが多いため，マイクとPCからの音声出力を切り替えて無線機に入力する機能が必要な場合がある．

5-2　インターフェースの入出力接続例

　インターフェースには，さまざまな接続方法があります．代表的なインターフェースの接続例を示します．

● PTTの制御を無線機のVOX機能を使って行うインターフェース

　図5-1に，もっとも簡単なインターフェースの入出力接続の例を示します．この例では，PCの音声出力をマイク端子に接続するケーブルを製

Chapter 05　PCと無線機を接続する　デジタルモード用インターフェース

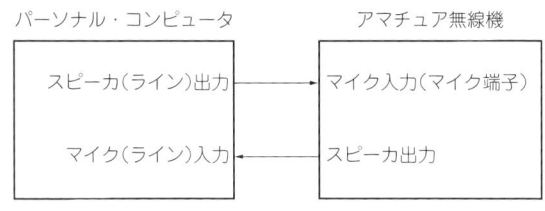

図5-1　もっとも簡単なインターフェース例

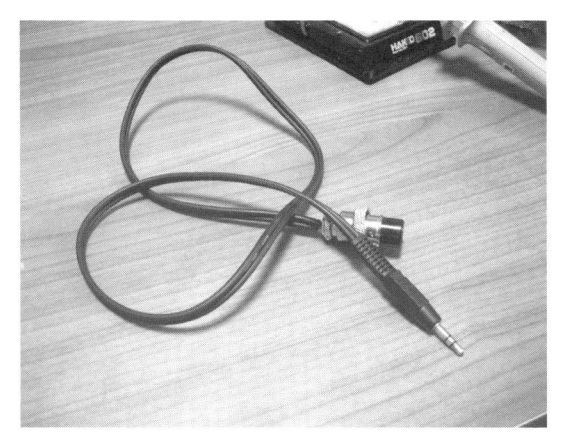

写真5-1　自作のPCの音声出力をマイク端子に接続するケーブル

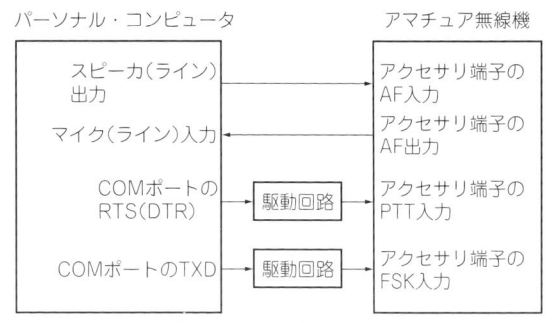

図5-2　PTTの制御などを無線機のアクセサリ端子から行うインターフェース例

作しています（**写真5-1**）．無線機のスピーカ端子とPCの音声入力は市販のオーディオ用ケーブルを使用して接続するとよいでしょう．PTT制御には無線機のVOX機能を使います．

なお，この例ではFSKによるRTTYの運用はできません．また，SSTVの運用でSSBによる交信が必要な場合は，マイクを同時に使用できるように，スイッチなどで音声入力を切り替える必要があります．

● **PTTの制御などを無線機のアクセサリ端子から行うインターフェース**

図5-2に，PTTの制御などを無線機のアクセサリ端子から行うインターフェースの入出力接続の例を示します．この例では，PCの音声入出力はアクセサリ端子のAF入出力に接続します[※1]．

PTT制御は，PCのシリアル・ポート（以下，COMポート）の制御線（DTRかRTS）を，トランジスタやフォトカプラを使用した回路を介して，アクセサリ端子のPTT入力に接続して行います[※2]．

FSKによるRTTYのキーイングは，PCのCOMポートのデータ出力（TXD）を，トランジスタやフォトカプラを使用した回路を介して，アクセサリ端子のFSK入力に接続して行います[※3]．FSKによるRTTYの運用をしない場合は，この接続は必要ありません．SSTVの運用でSSBによる交信が必要な場合は，無線機に接続したマイクをそのまま使用できます[※4]．

● **PTTの制御を無線機の制御コマンドで行うインターフェース**

図5-3にPTTの制御を無線機のCATやCI-Vなどの制御コマンドで行うインターフェースの入出力接続の例を示します．この例では，PCの音声入出力はアクセサリ端子のAF入出力に接続します．PTTの制御は，PCのCOMポートのデータ入出力（TXD/RXD）をコマンド入出力端子（CATやCI-V端子）に接続し，PCからコマンドを送ることによって制御します[※5]．

FSKによるRTTYのキーイングは，PCの

アマチュア無線運用ガイド | 101

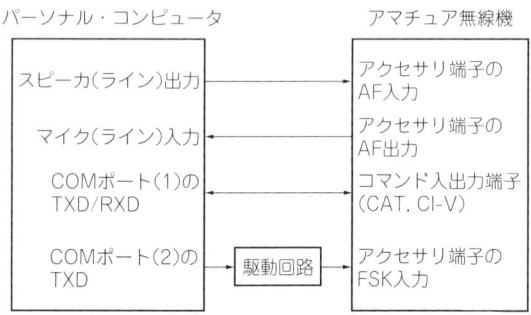

図 5-3　PTTの制御を無線機の制御コマンドで行うインターフェース例

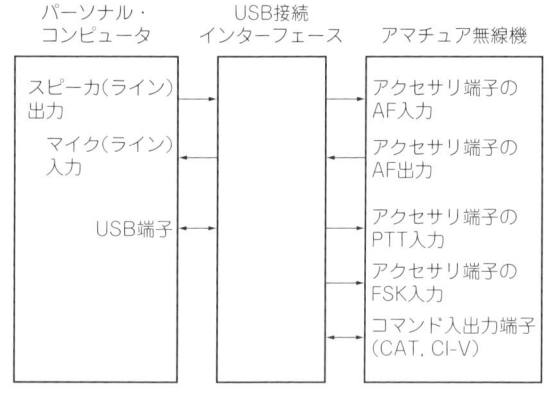

図 5-4　サウンド機能が搭載されていない市販USB接続インターフェース例

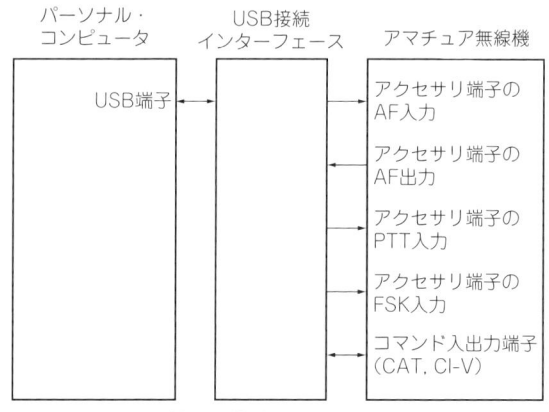

図 5-5　サウンド機能が搭載されている市販USB接続インターフェース例

COMポートのデータ出力（TXD）を，トランジスタやフォトカプラを使用した回路を介して，アクセサリ端子のFSK入力に接続して行います[※6]．FSKによるRTTYの運用をしない場合は，この接続は必要ありません．SSTVの運用でSSBによる交信が必要な場合は，無線機に接続したマイクをそのまま使用できます[※4]．

● **市販のUSB接続インターフェース**（サウンド機能が搭載されていない場合）

図 5-4 に，サウンド機能が搭載されていない市販のUSB接続インターフェースの入出力接続の例を示します．この例では，PCのUSB端子にインターフェースを接続し，さらにPCの音声入出力をインターフェースに接続します．インターフェースは，PCからはCOMポートとして認識されます．さらに，インターフェースの音声入出力端子，PTT出力，FSK出力などを，無線機のアクセサリ端子に接続します[※7]．SSTVの運用でSSBによる交信が必要な場合は，無線機に接続したマイクをそのまま使用できます[※4]．

● **市販のUSB接続インターフェース**（サウンド機能を搭載している場合）

図 5-5 に，サウンド機能が搭載されている市販のUSB接続インターフェースの入出力接続の例を示します．この例では，PCのUSB端子にインターフェースを接続します．接続したインターフェースは，PCのサウンド機能とCOMポートとして認識されます．さらに，インターフェースの音声入出力端子，PTT出力，FSK出力などを，無線機のアクセサリ端子に接続します[※7]．SSTVの運用でSSBによる交信が必要な場合は，無線機に接続したマイクをそのまま使用できます[※4]．

● **無線機に搭載されているUSB接続インターフェース**

図 5-6 に，無線機に搭載されているUSB接

Chapter 05　PCと無線機を接続する　デジタルモード用インターフェース

図5-6
無線機に搭載されているUSB接続インターフェース例

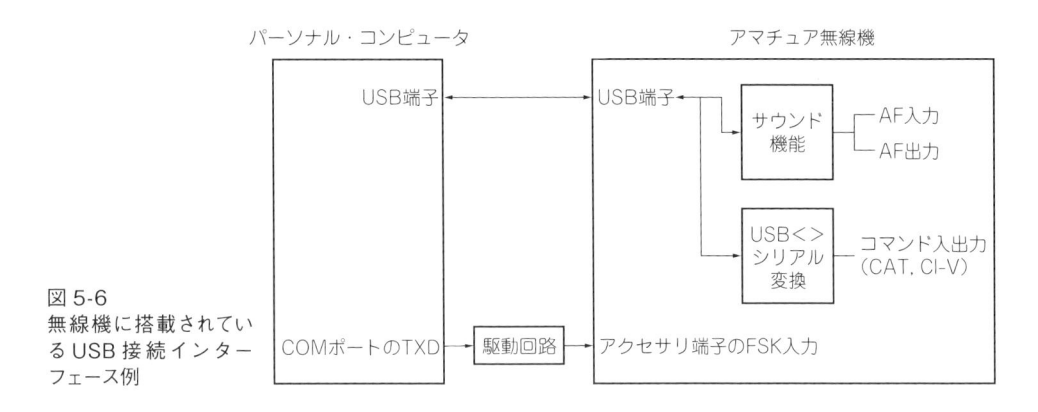

[図：パーソナル・コンピュータのUSB端子とアマチュア無線機のUSB端子を接続。無線機内部はサウンド機能（AF入力／AF出力）、USB<>シリアル変換（コマンド入出力 CAT, CI-V）に分岐。COMポートのTXDは駆動回路を介してアクセサリ端子のFSK入力へ]

続インターフェースの入出力接続の例を示します．この例では，PCのUSB端子に無線機を接続します．接続した無線機に内蔵されたインターフェースは，PCのサウンド機能とCOMポートとして認識されます．この接続の場合，COMポートの制御線を使用したPTT制御は行えないため，PCからコマンドを送ることによって制御します．

FSKによるRTTYのキーイングはUSB経由では行えないため，別途，PCのCOMポートのデータ出力（TXD）を，トランジスタやフォトカプラを使用した回路を介して，アクセサリ端子のFSK入力に接続して行います[※3]．FSKによるRTTYの運用をしない場合は，この接続は必要ありません．SSTVの運用でSSBによる交信が必要な場合は，無線機に接続したマイクをそのまま使用できます[※4]．

- [※1]　市販のインターフェースでは，高周波の回り込み防止やインピーダンス・マッチングのために，音声入出力をトランスで分離している製品が多いようです．
- [※2]　マイク端子のPTT入力に接続することもできます．
- [※3]　FSK送信回路がない無線機では，FSKによるRTTY運用はできません．
- [※4]　無線機のアクセサリ端子からPTTをオンにしても，マイクからの音声が送信されてしまう無線機があります．使用する無線機の取扱説明書で事前に確認してください．
- [※5]　PCからコマンドで無線機を制御する場合は，PCのCOMポートと無線機を接続するためのレベル・コンバータなどの回路が必要な場合があります．
- [※6]　無線機と通信を行うCOMポートと別のCOMポートを使用する必要があります．
- [※7]　音声入出力とPTT出力を無線機のマイク端子に接続するタイプのインターフェースもあります．

5-3　市販されているインターフェースの接続手順

市販されているインターフェースと無線機の接続手順の例を紹介します．

●「RigExpert Standard」と「FT-950」の接続手順

「リグエキスパートジャパン[※8]」が販売しているUSB接続のアマチュア無線機用インターフェース「RigExpert Standard[※9]」と，八重洲無線の「FT-950[※10]」の接続手順を説明します（**写真5-2**）．

「RigExpert Standard」は，サウンド機能を内蔵しているため，PCとの接続はUSBケーブルのみで行えます．また，各社のアマチュア無線

アマチュア無線運用ガイド | 103

機ごとに用意された専用ケーブルにより，インターフェースと無線機とは簡単に接続できます.

・PCと「RigExpert Standard」の接続と設定

「RigExpert Standard」のPCへの接続と設定は，次の手順で行います.

① 「RigExpert Standard」をPCに接続する前に，付属のCD-ROMから取扱説明書に従いデバイスドライバをPCにインストールする.

② 「RigExpert Standard」をPCに接続すると，PCから「RigExpert Standard」が認識され，デバイスドライバがOSに組み込まれる.

③ デバイスドライバの組み込み終了後, Windows

写真5-2 「RigExpert Standard」と「FT-950」

写真5-3 無線機ごとに専用接続ケーブルが用意されている

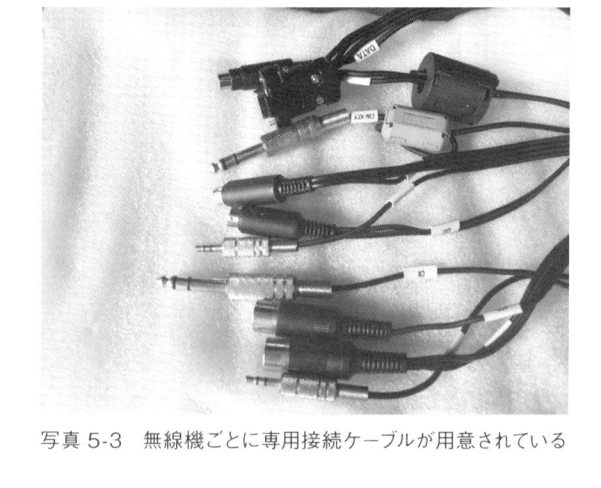

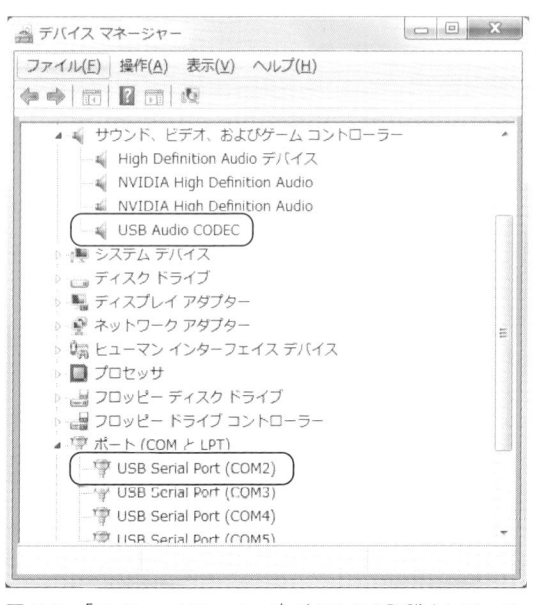

図5-7 「RigExpert Standard」がOSから認識されている

図5-8 「ListRE」で「RigExpert Standard」の仮想COMポートを確認

Chapter 05　PCと無線機を接続する　デジタルモード用インターフェース

の「デバイスマネージャ」で「RigExpert Standard」がOSから認識されていることを確認する（**図5-7**）．

④ 付属のCDROMより「ListRE」をインストールし，「RigExpert Standard」の仮想COMポートの割り当てを確認する（**図5-8**）．

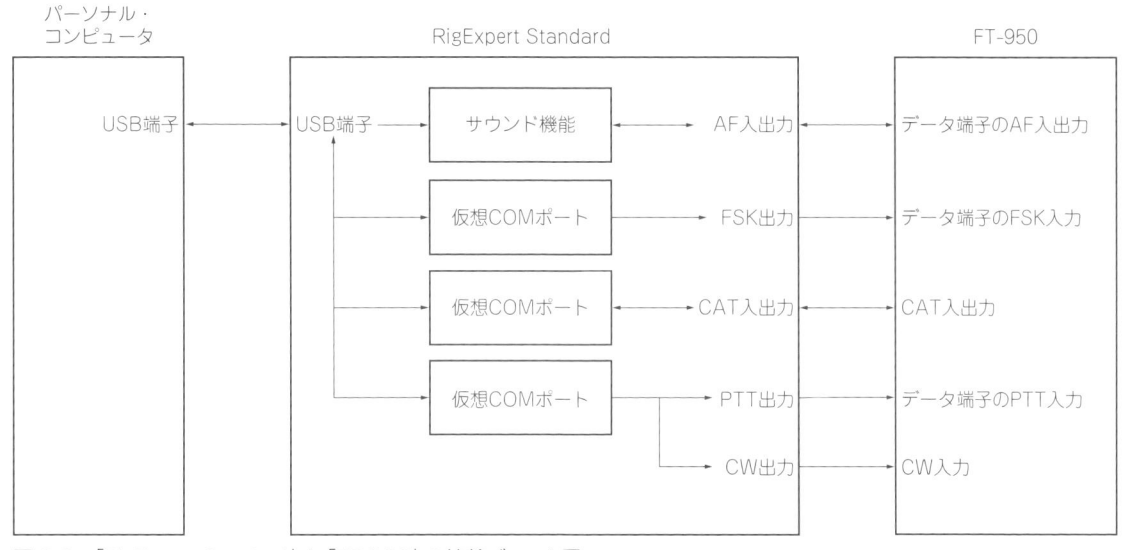

● **「RigExpert Standard」と「FT-950」の接続**

「RigExpert Standard」には無線機ごとに専用の接続ケーブルが用意されているので（**写真5-3**），無線機との接続は簡単です．全体の接続ブロック図を**図5-9**に，「FT-950」に専用ケーブルで接続した状態を**写真5-4**に示します．

図5-9　「RigExpert Standard」と「FT-950」の接続ブロック図

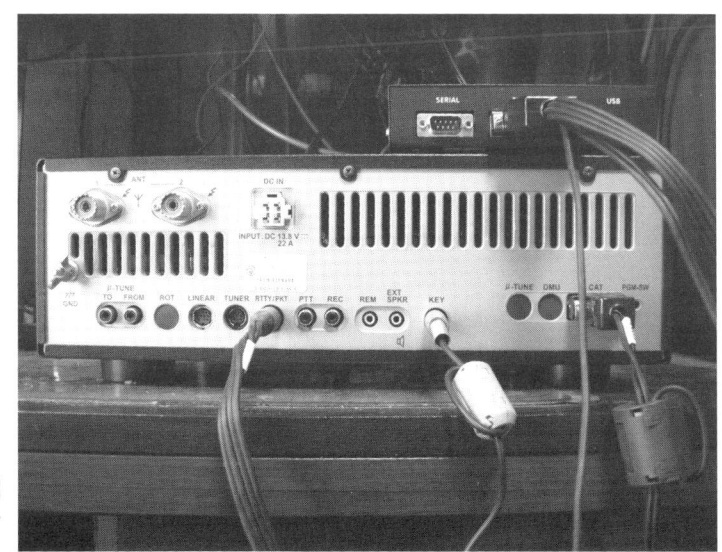

写真5-4
「RigExpert Standard」に「FT-950」を接続した状態

専用ケーブルにはコネクタごとにラベルが付いているので（**写真 5-5**），ラベルを確認しながら無線機に接続してください．

※8　http://ja1scw.jp/shop/
※9　http://ja1scw.jp/shop/standard.html
※10　http://www.yaesu.com/jp/amateur_ index/ft_950.html

● 「RIGblaster Advantage」と「IC-7000」の接続手順

アメリカの「West Mountain Radio[11]」が製造・販売している USB 接続のアマチュア無線機用インターフェース「RIGblaster Advantage[12]」と，アイコムの「IC-7000[13]」の接続手順を説明します（**写真 5-6**）．

「Rigblaster Advantage」は，無線機のマイク端子に音声入力と PTT を接続するのが特徴です．こうすることにより，無線機とインターフェースの接続がとても簡単になっています．インターフェースに VOX 機能が内蔵されているため，デジタルモード・ソフトウェアで，PTT の設定を行わずに運用することも可能です．また，サウンド機能を内蔵しているため，PC との接続は USB ケーブルのみです．

・PC と「RIGblaster Advantage」の接続と設定

「RIGblaster Advantage」の PC への接続と設定は，次の手順で行います．

① 「RIGblaster Advantage」を PC に接続すると，PC から「RIGblaster Advantage」が認識され，デバイスドライバのインストール手順が開始される．画面に表示される手順に従っ

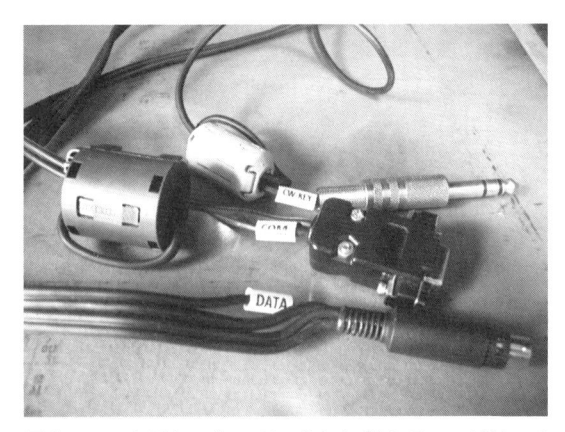

写真 5-5　専用ケーブルにはコネクタごとにラベルが付いている

写真 5-6
「RIGblaster Advantage」と「IC-7000」

Chapter 05　PCと無線機を接続する　デジタルモード用インターフェース

て,「Windows Update」(PC がインターネットへ接続されていない場合は付属の CD-ROM) から, デバイスドライバをインストールする.

② デバイスドライバのインストール終了後, Windows の「デバイスマネージャ」で「RIGblaster Advantage」が OS から認識されていることを確認する（図 5-10）.

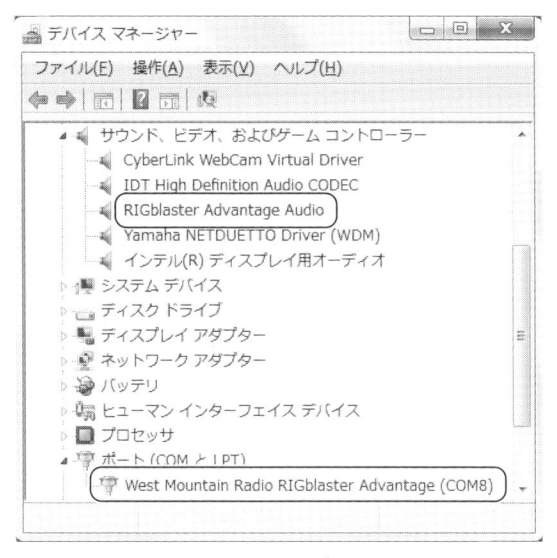

図 5-10　「RIGblaster Advantage」が OS から認識されている

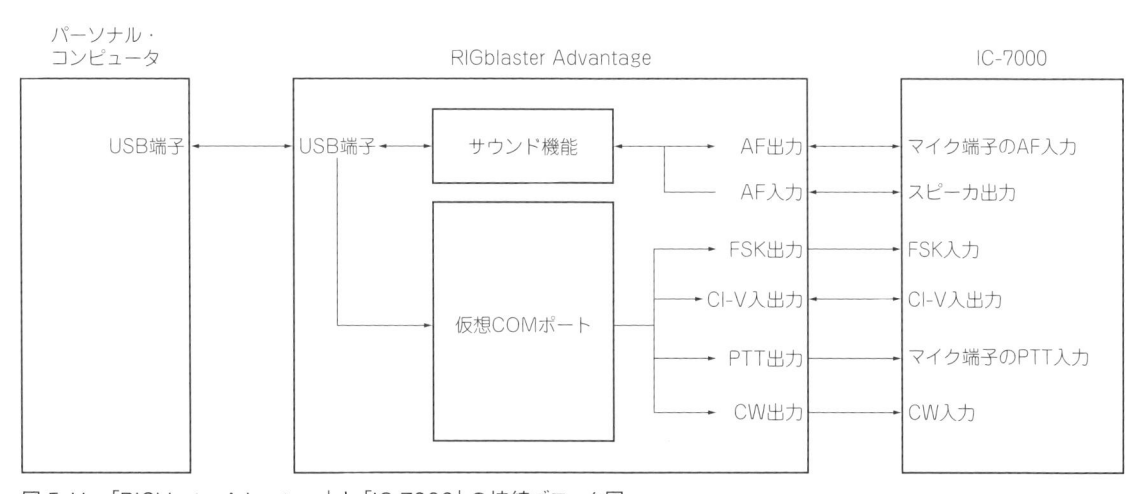

- 「RIGblaster Advantage」と「IC-7000」の接続

「RIGblaster Advantage」は, 無線機のマイク端子に付属のケーブルで接続し, さらに無線機のスピーカ/ヘッドホン端子に付属のステレオ・ミニプラグで接続します[※14].

スピーカ/ヘッドホン端子に「RIGblaster

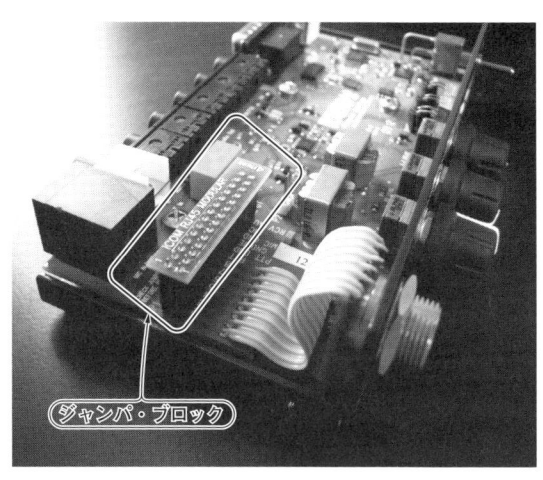

写真 5-7　無線機ごとの設定は内部のジャンパ・ブロックを差し替える

図 5-11　「RIGblaster Advantage」と「IC-7000」の接続ブロック図

Advantage」を接続した場合，無線機のスピーカから音声が出力されなくなるので，「RIGblaster Advantage」背面のスピーカ端子（SPKR OUT）に別途スピーカ（またはヘッドホンなど）を接続する必要があります．

無線機との対応は，各無線機メーカーとマイク端子の形状（8ピン・メタルとモジュラ）ごとに用意されているジャンパ・ブロックを，機器内部で差し替えることによって行います（**写真5-7**）．

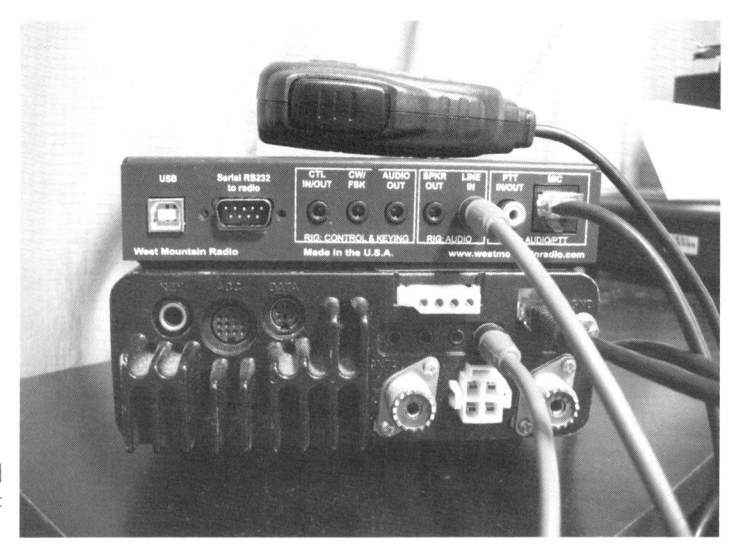

写真 5-8
「RIGblaster Advantage」に「IC-7000」を接続した状態

表 5-1　日本国内で入手しやすいデジタルモード・インターフェース

メーカー	機種名	国内販売店	Webサイト
RigExpert Ukraine	Rigexpert Standard	リグエキスパートジャパン	http://ja1scw.jp/shop/
RigExpert Ukraine	Rigexpert TI-5	リグエキスパートジャパン	http://ja1scw.jp/shop/
microHAM	USB DIGI KEYER II	エム・アイ・システムズ（株）・ホビーズEC事業部	http://hobbies.misystems.co.jp/catalog/
microHAM	USB Interface III	エム・アイ・システムズ（株）・ホビーズEC事業部	http://hobbies.misystems.co.jp/catalog/
microHAM	USB micro KEYER II	エム・アイ・システムズ（株）・ホビーズEC事業部	http://hobbies.misystems.co.jp/catalog/
テクニカルシャック	DIF-3 シリーズ	テクニカルシャック	http://www.246.ne.jp/~tshack/
West Mountain Radio	RigBlaster シリーズ	エレクトロデザイン（株）	http://www.edcjp.jp/
CGアンテナ	SB2000	エレクトロデザイン（株）	http://www.edcjp.jp/
中部特機産業（株）	CTF-FG1	中部特機産業（株）	http://www.chutoku.co.jp/
MFJ Enterprises Inc.	MFJ-1279	日本通信エレクトロニック（株）	http://www.jacom.com/e-shop/index.html
MFJ Enterprises Inc.	MFJ-1275	日本通信エレクトロニック（株）	http://www.jacom.com/e-shop/index.html
（株）アドニス電機	AK-RPC2	（株）アドニス電機	http://www.adonis.ne.jp/index.html

Chapter 05　PCと無線機を接続する　デジタルモード用インターフェース

全体の接続ブロック図を**図5-11**に，「IC-7000」に接続した状態を**写真5-8**に示します．

※11　http://www.westmountainradio.com/ なお，日本国内では，「エレクトロデザイン（株）」（http://www.edcjp.jp/）から製品を購入することが可能です．
※12　http://www.westmountainradio.com/product_info.php?products_id=rb_adv
※13　http://www.icom.co.jp/products/amateur/products/basestation/ic-7000/
※14　FSK/CW出力，CI-V/CAT入出力などは，別にケーブルを用意して接続する必要があります．

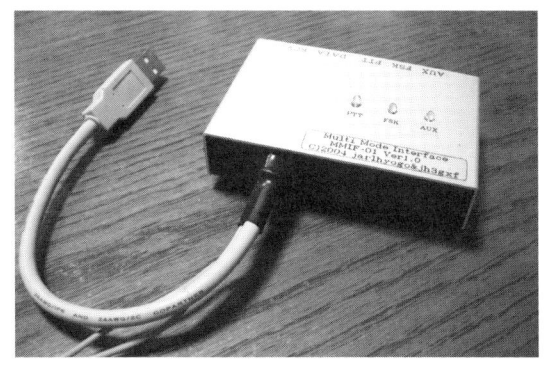

写真5-9　JARL支部の製作講習会で製作した自作USB接続インターフェース

5-4　デジタルモードの交信を楽しみましょう

デジタルモード用インターフェースについて説明しました．デジタルモードは，市販のインターフェースを使用すると，簡単に運用を開始することができます．日本国内で比較的入手しやすい市販のインターフェースを，**表5-1**に示します．

また，自作も比較的容易な分野なので（**写真5-9**），腕に自信のある方は，CQ誌のバックナンバーや関連書籍，インターネット上に掲載されている自作例などを参考に，インターフェースを自作するのもよいのではないでしょうか．

デジタルモード用インターフェースを活用して，FBにデジタルモードの交信を楽しんでください．

〈7J3AOZ　白原 浩志　しらはら ひろし〉

Chapter 06

文字を使って交信するデジタルモード「RTTY」の運用

6-1 RTTY とは

「RTTY（Radio Teletype）[1]」は，1849年に米国のフィラデルフィア↔ニューヨーク間の通信で実用化され，1946年ごろからアマチュア無線で運用されるようになった，たいへん歴史の古いデジタルモードです．

専用の装置が必要なため，以前は運用するアマチュア無線局が少なかったモードですが，パーソナル・コンピュータ（以下，PC）とソフトウェアによる運用が普通になった現代では，日常的に特徴的な「ピロピロ」音がバンド内で聞こえるようになりました．

近年は，ほとんどのDXペディションで「RTTY」の運用が行われています．また，「RTTY」による世界規模のコンテストにも，たくさんのアマチュア無線局が参加しています．日本国内では，移動局による「RTTY」のJCC/JCGサービスなども盛んに行われるようになりました．

この項では，JE3HHT 森さんが製作・配布しているRTTYソフトウェア「MMTTY」[2]を使用し，ソフトウェアの設定や「RTTY」の運用方法を説明します．なお，デジタルモードの運用に必要なインターフェースの接続・設定に関しては「Chapter 05 無線機とPCを接続する デジタルモード用インターフェース」をご覧ください．

※1 略称の読み方は「アール・ティ・ティ・ワイ」もしくは「リティ（ritty）」です．
※2 http://www33.ocn.ne.jp/~je3hht/mmtty/

6-2 「MMTTY」のインストールと起動

「MMTTY」は，作者のWebサイト（図6-1）[2]からダウンロードができます．なお，自己解凍方式のファイル（「mmtty＊＊＊＊.exe」，＊＊＊＊はバージョン番号）をダウンロードすると，インストールが簡単に行えます．

ダウンロードした「mmtty＊＊＊＊.exe」を実行すると，自己解凍プログラムが起動します．Windowsの「セキュリティの警告」が表示された場合は「実行」ボタンをクリックして，処理を続行してください．

Chapter 06　文字を使って交信するデジタルモード「RTTY」の運用

図6-1　「MMTTY」のWebサイト

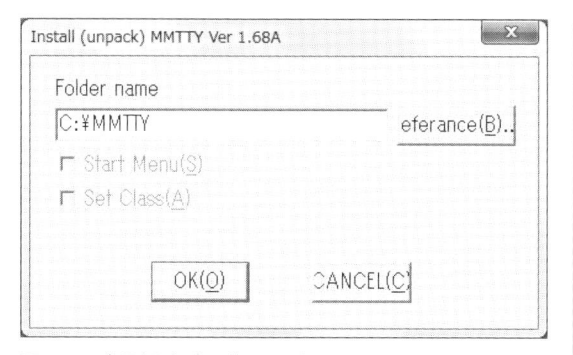

図6-2　自己解凍プログラムのウィンドウ

自己解凍プログラムのウィンドウ（**図6-2**）で，「Folder name」項目に解凍先のフォルダ名を入力するか，「Preference」ボタンをクリックして解凍先のフォルダを選択します．フォルダの選択終了後「OK」ボタンをクリックすると，「MMTTY」が設定したフォルダに解凍（インストール）されます[3]．

解凍先フォルダの「MMTTY.EXE」をダブル・クリックすると「MMTTY」が起動します．「MMTTY.EXE」のショートカットをWindowsのデスクトップに作っておくと便利でしょう．

[3] 「Windows Vista」以降のOSを使用する場合は，UAC（ユーザー・アカウント制御）の影響で，「C:¥Program Files」配下のフォルダに解凍すると「MMTTY」が正常に動作しない可能性があります．このため，「C:¥MMTTY」などのフォルダを指定してインストールすることをお勧めします．

6-3　「MMTTY」のメインウィンドウの説明と基本設定

● 「MMTTY」のメインウィンドウの説明

メインウィンドウを**図6-3**に，この説明を**表6-1**に示します．

● 「MMTTY」の基本的な設定

「MMTTY」の初回起動時には，自局のコールサインを入力するウィンドウ（**図6-4**）が表示されます．ここで，自局のコールサインを入力してください[4]．

「MMVARI」の基本的な設定は，次の手順で行います．

① メニューの「オプション」→「設定画面」を選択し,「MMTTY設定画面」ウィンドウを表示する.
② 「AFC/ATT/PLL」タブを選択する(**図6-5**).
③ 「AFC」項目の「Shift」を,AFSKでRTTYの運用を行う場合は「HAM」に,FSKでRTTYの運用を行う場合は「FSK」に設定する[※5].

図6-3 「MMTTY」のメインウィンドウ

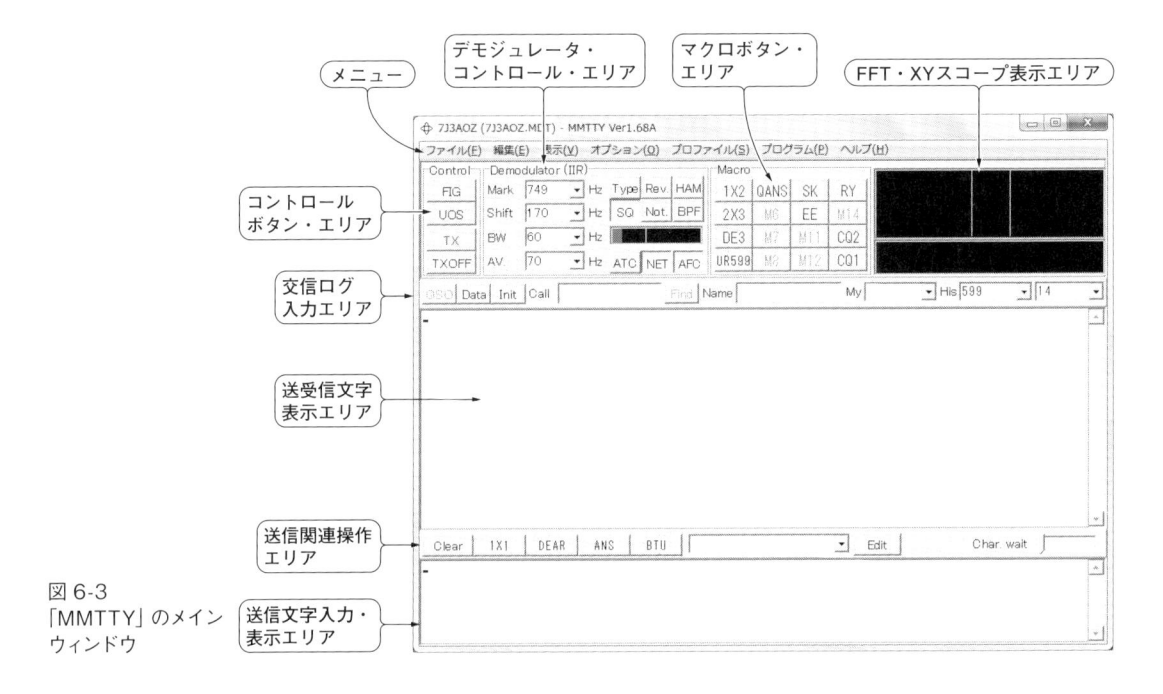

表6-1 メインウィンドウの各項目の説明

項　目	説　明
メニュー	ソフトウェアの各種機能を選択,実行する
デモジュレータ・コントロール・エリア	RTTYのデモジュレータに関する各種の操作,設定を行う
マクロボタン・エリア	送信用の定型文(マクロ)を登録したボタンの操作を行う
FFT・XYスコープ表示エリア	送受信信号の表示(FFT高速フーリエ変換,ウォーターフォール),RTTY信号の同調用のX-Yスコープの表示を行う.また,前置フィルタ(ノッチ,バンドパス)の位置設定もこのエリアで行う
コントロールボタン・エリア	RTTYのFigures(数字,記号)・Letters(アルファベット文字)送受信状態の表示や設定,UOS(Unshift On Space)機能の切り替え,送受信の切り替え操作を行う
交信ログ入力エリア	交信ログの入力操作を行う
送受信文字表示エリア	送受信した文字が表示される
送信関連操作エリア	送信文字入力・表示エリアのクリア,よく使う定型文(マクロ)の編集・送信,キーボード・ショートカットに割り当てられた定型文の編集・送信,文字およびdiddleコードの送信遅延時間設定などの操作を行う
送信文字入力・表示エリア	RTTYで送信する文字を入力する.また,定型文(マクロ)やテキスト・ファイルから送信した文字もこのエリアに自動的に入力されたうえで送信される

Chapter 06 文字を使って交信するデジタルモード「RTTY」の運用

④「送信」タブを選択する（**図6-6**）.
⑤「PTT & FSK」項目で，PTT制御とFSK出力[※6]に割り当てられているシリアルポート（以下，COMポート）の番号を選択する. PTTに無線機のVOX機能を使う場合は「PTT」項目は「NONE」を選択する[※7].
⑥「その他」タブを選択する（**図6-7**）.
⑦「送信ポート」項目で，AFSKでRTTYを運用する場合は「サウンド」を，FSKでRTTYを運用する場合は「サウンド＋COM-TxD（FSK）」か「COM-TxD（FSK）」を選択する[※8].
⑧「SoundCard」タブを選択する（**図6-8**）.

⑨「Reception」項目で無線機からの音声入力に使用するサウンド機能を選択する.「Transmission」項目で無線機への音声出力に使用するサウンド機能を選択する.
⑩「MMTTY設定画面」ウィンドウを「OK」ボタンをクリックして閉じる.

※4 　自局のコールサインは，メニューの「オプション」→「設定画面」で変更することができます.
※5 　FSK運用時に「AFC」を有効にすると「MMTTY」のマーク周波数が変化してしまうために，相手局とのゼロインができなくなります. この場合，設定を「FSK」にすることにより「AFC」有効時にシフト幅のみ自動調整されるようになります.
※6 　AFSKでRTTYを運用する場合は，PTT制御のみの指定となります.
※7 　FSKでRTTYを運用する場合は，必ず「NONE」以外（FSK出力が割り当てられているCOMポート）を選択してください.
※8 　「サウンド＋COM-TxD（FSK）」と「COM-TxD（FSK）」の動作の違いは，作者の森さんのWebサイト（**http://www33.ocn.ne.jp/~je3hht/mmtty/**）に掲載されている「MMTTY.TXT」をご覧ください.

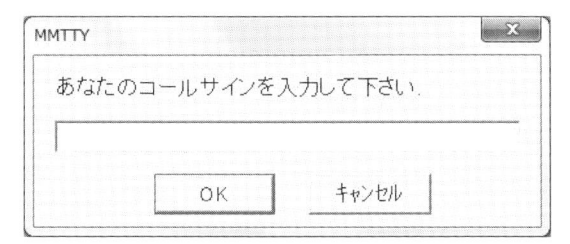

図6-4　自局のコールサインを入力する

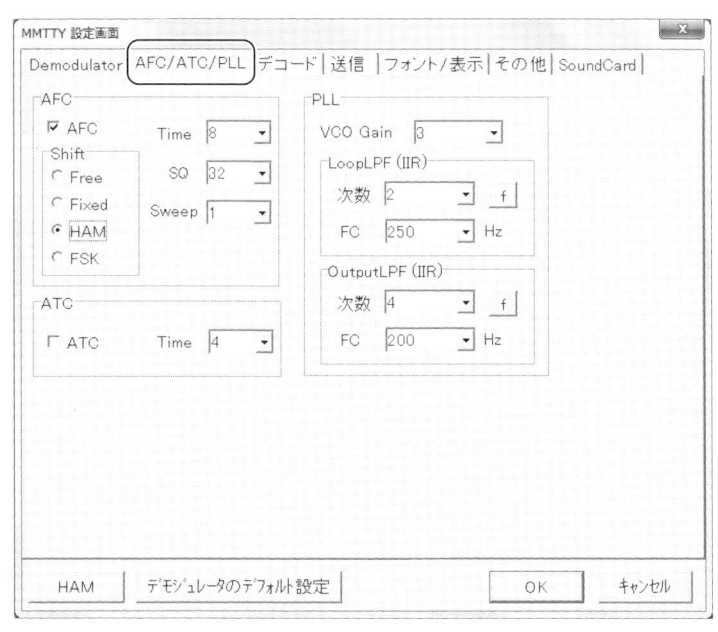

図6-5
「MMTTY設定画面」ウィンドウの「AFC/ATT/PLL」タブ

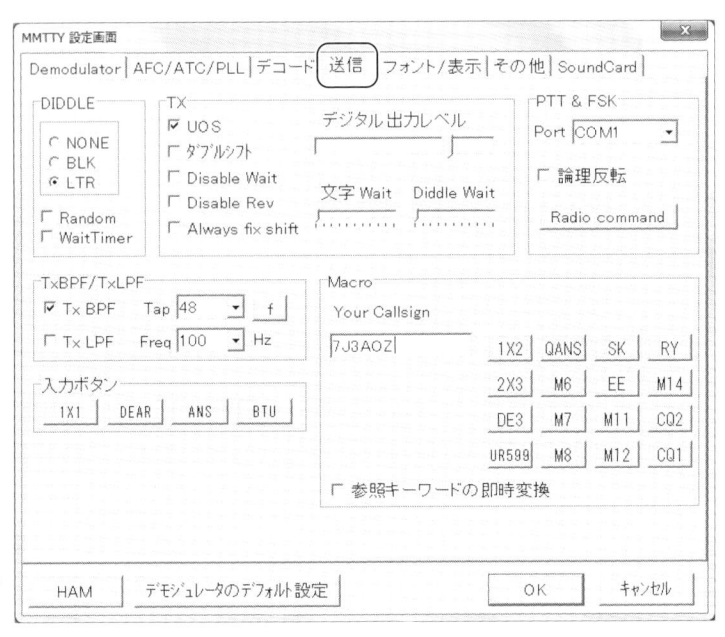

図 6-6
「MMTTY 設定画面」ウィンドウの「送信」タブ

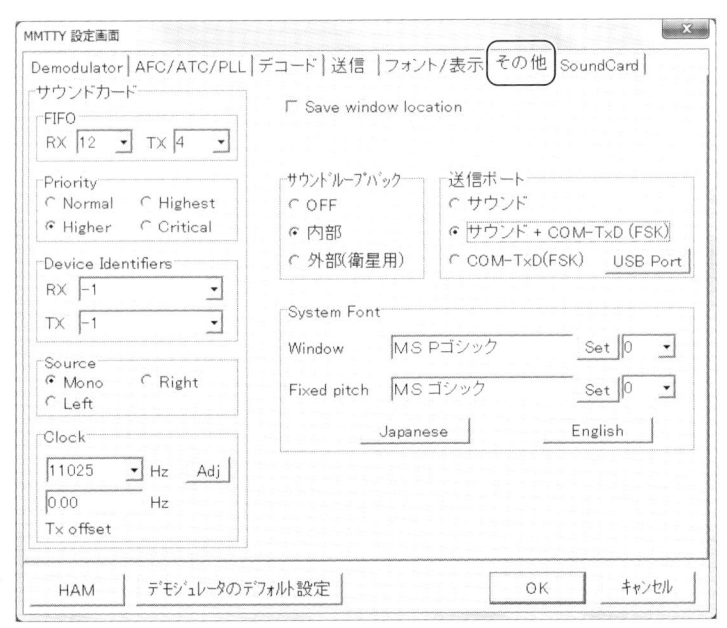

図 6-7
「MMTTY 設定画面」ウィンドウの「その他」タブ

● **入出力音声レベルの調節**

「RTTY」の運用を行うためには，無線機から PC に入力する音声のレベルを調節する必要があります．また，AFSK で運用を行う場合は，PC から無線機に出力する音声のレベルも調節する必要があります．

無線機にデジタルモード用インターフェース（以下，インターフェース）を接続し，次の手順

Chapter 06　文字を使って交信するデジタルモード「RTTY」の運用

図6-8　「MMTTY設定画面」ウィンドウの「SoundCard」タブ

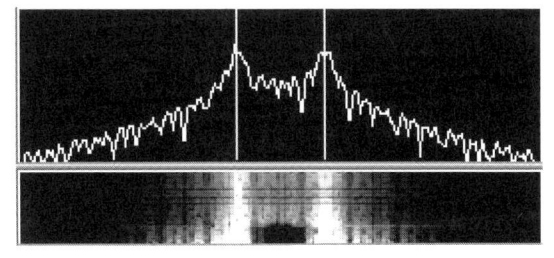

図6-9　表示されたRTTYのFFT波形

図6-10　「サウンド」コントロールパネルの「録音」タブ

で調節を行ってください[※9].

・入力音声レベルの調節

① 無線機のモードをRTTYに（AFSKの場合はSSBに[※10]）して，「RTTY」が運用されている周波数を受信する[※11].

② 受信した周波数で「RTTY」の運用が行われていれば，メインウィンドウ（**図6-3**）のFFT・XYスコープ表示エリアにRTTYの波形が表示される（**図6-9**）.

③ メニューの「オプション」→「入力ボリューム」を選択すると，Windowsの「サウンド」コントロールパネルの「録音」タブが表示される（**図6-10**）.

④ 「MMTTY」で使用するサウンド機能を選択し，「プロパティ」ボタンをクリックすると，

図 6-11 「プロパティ」ウィンドウの「レベル」タブ

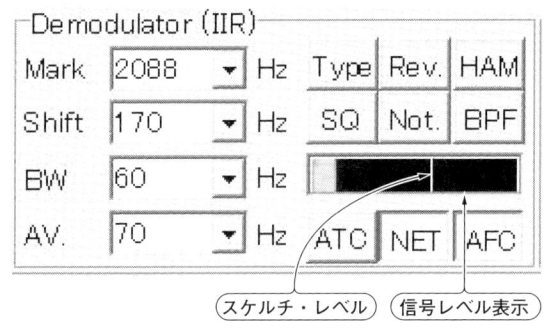

図 6-12 メインウィンドウのデモジュレータ・コントロール・エリア

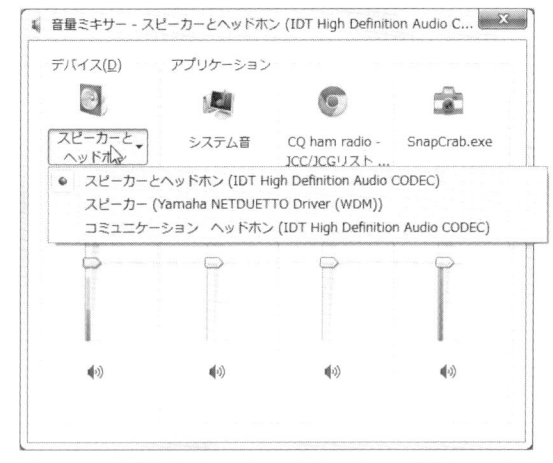

図 6-13 音量ミキサー・ウィンドウのドロップダウン・リスト

選択したサウンド機能の「プロパティ」ウインドウが表示される．
⑤ 「プロパティ」ウィンドウの「レベル」タブ（**図6-11**）を選択し，音量調節スライダで，一番強力な信号の波形が適当な大きさになるように受信音量を調整する．
⑥ **図6-3**のデモジュレータ・コントロール・エリア（**図6-12**）の信号レベル表示上をクリックすると，スケルチ・レベルを示す白い横線がクリックした位置に動く．「SQ」ボタンをクリックして「MMTTY」のスケルチ機能を有効（ボタンが凹んだ状態）にすると，スケルチ・レベル以下の信号は「MMTTY」から無視されるので，ノイズの状況などに合わせてスケルチを適当なレベルに設定する．
⑦ 「プロパティ」ウィンドウと「サウンド」コントロールパネルを閉じる．

・出力音声レベルの調整[12]
① 無用な電波を送信しないために，無線機にダミーロードを接続する．
② 無線機のモードをSSBにし[10]，マイク・コンプレッサ（スピーチ・プロセッサ）をオフに，メータ表示はALCレベルにする．
③ メニューの「オプション」→「出力ボリューム」を選択すると，Windowsの「音量ミキサー」ウィンドウが表示される．
④ 「音量ミキサー」ウィンドウの「デバイス」項目のドロップダウン・リスト（**図6-13**）で，

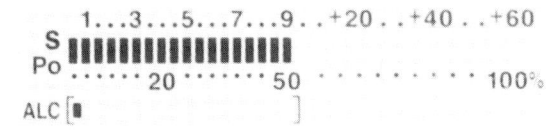

Chapter 06　文字を使って交信するデジタルモード「RTTY」の運用

```
   1...3...5...7...9..+20..+40..+60
 S ████████████████
Po ......20....50..........100%
ALC [■            ]
```

写真 6-1　「RTTY」送信中の無線機の ALC メータ

「MMTTY」で使用するサウンド機能を選択する．

⑤　メインウィンドウ（図 6-3）のコントロールボタン・エリアの「TX」ボタンをクリックする．インターフェースの接続が正常（もしくは無線機の VOX の設定が正常）であれば無線機が送信状態になる．

⑥　「音量ミキサー」ウィンドウの「デバイス」項目の音量調節スライダで，無線機の ALC メータが「振れるか振れないか」という程度に送信音量を調整する**写真 6-1**）[※13]．

⑦　調整が終了したら，図 6-3 のコントロールボタン・エリアの「TXOFF」ボタンをクリックし，無線機を受信状態にする．

⑧　「音量ミキサー」ウィンドウを閉じる．

以上で，入出力音声レベルの調節は終了です．なお，送受信音量は運用中に適時調節するようにしてください．

※9　Windows の機能を使用せず，インターフェースの音声調節ボリュームで音声入出力レベルを調節するタイプのインターフェースもあります．市販のインターフェースについては，それぞれの取扱説明書をご覧ください．

※10　アマチュア無線機によっては DIG モードや SSB-D モードの場合もあるので，無線機の取扱説明書をご覧ください．なお，RTTY を運用する場合の SSB のヘテロダインは慣例として LSB が使われています．

※11　「RTTY」が運用できる周波数帯は日本のバンドプランでは「狭帯域デジタル」の区分になります．アマチュアバンドによっては，日本と海外では RTTY が運用できるバンドプランが異なっていることがあるので注意してください．

※12　FSK で運用する場合は，出力音声レベルの調節は必要ありません．

※13　AFSK で ALC メータのレベルが勢いよく振れている場合，送信されている電波はオーバードライブ状態になっています．この状態では周囲にスプリアスを撒き散らす可能性が高くなります．AFSK での RTTY 運用時には，常に ALC メータを監視するようにしてください．

● 「MMTTY」の校正

　PC のサウンド機能は，使っている LSI や個体差によりサンプリング周波数（サンプリング・クロック，以下クロック）にずれを生じていることがあります．クロックずれが大きい場合には，RTTY の解読率が悪化し，文字化けが生じやすくなります．

　「MMTTY」では，この「ずれ」を解消するためにクロックを校正する機能があります．この機能を使って，運用を行う前に校正作業を行ってください[※14]．

　クロックの校正の手順は次のとおりです．

①　無線機のモードをを AM にし，5.0/10.0/15.0/20.0 MHz のいずれかの周波数で BPM（中国の標準周波数報時放送）を受信する[※15]．

②　メニューの「オプション」→「設定画面」を選択すると，MMTTY 設定画面が表示される．

③　「その他」タブ（図 6-7）を選択し，「Clock」項目の「Adj」ボタンをクリックする．

④　「サンプリング周波数の調整」ウィンドウ（図 6-14）が表示される．

⑤　「サンプリング周波数の調整」ウィンドウ内に，BPM の 1 秒単位のティック音に合わせて，上から下に向かって徐々に縦の帯線が表示される．帯線の表示が表示部の下端に達するまで数分間待つ（図 6-15）．

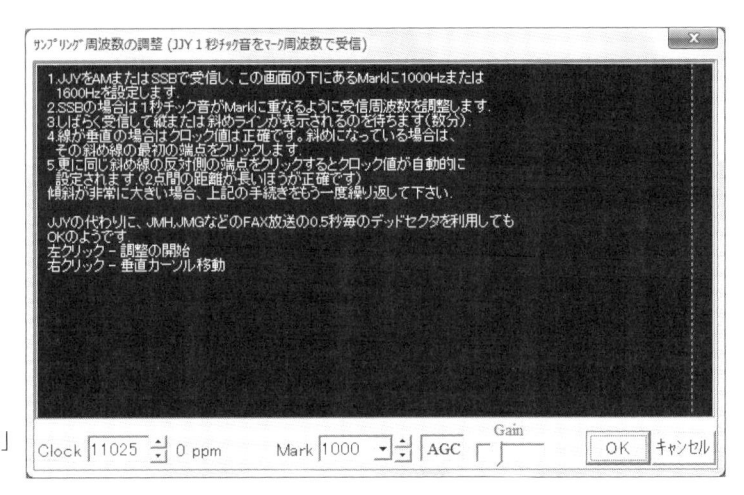

図 6-14
「サンプリング周波数の調整」ウィンドウ

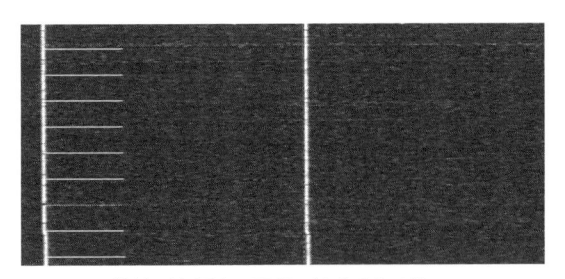

図 6-15 帯線が表示部の下端に達するまで待つ

⑥ 帯線の下端をクリックすると，黄色のガイドラインがサンプリング周波数の調整ウィンドウ内に表示される．そのまま，帯線の上端をクリックすると，自動的に校正された受信クロック周波数が設定され，サンプリング周波数の調整ウィンドウが閉じる．

⑦ もう一度③〜⑤の手順を繰り返し，帯線が垂直に表示されれば校正作業は終了．帯線の表示がまだ傾いている場合は，垂直に表示されるまで手順を繰り返す．

⑧ 「MMTTY」を終了し，再度起動する．

以上で，クロックの校正手順は終了です．

※14 最近の PC のサウンド機能では，サンプリング・クロックのずれはほとんどないようです．しかし，「MMTTY」を初めて使う PC では，必ず一度は校正作業を行い，クロックずれの有無を確認することをお勧めします．

※15 電波伝搬の状況によって BPM が受信できる周波数は変わります．校正作業を行う時点で，一番良好に受信できる周波数で受信してください．

6-4 「MMTTY」で「RTTY」を運用する際の操作

運用を行う前に，メインウィンドウ（図 6-3）の「デモジュレータ・コントロール・エリア」（図 6-12）で，下記の設定を行ってください．

① 「AFC」ボタンをクリックして，AFC（自動周波数調整）機能を有効（ボタンが凹んでいる状態）にすることにより，同調操作時に FFT 波形やウォータフォール上のおおよその位置をクリックすると，「MMTTY」が自動的に最適な同調を行う．AFSK で RTTY を運用する場合は，通常は有効状態で使用するとよい．

② 「NET」ボタンをクリックして，NET（送受信周波数同期）機能を有効（ボタンが凹んでい

Chapter 06　文字を使って交信するデジタルモード「RTTY」の運用

る状態）にすると，常に自局の送信周波数と受信周波数が同じになる．なお，NET機能はFSKでRTTYを運用する場合は使えない．

AFSKによるRTTYの運用時に，AFC機能とNET機能を同時に有効にしている場合は，相手局のサウンド・デバイスのクロックずれがあると，AFC機能によって相手局のずれた送信周波数に同調してしまい，さらに自局の送信周波数もずれてしまうため，相手局とバンド内を追いかけっこしてしまうことになります．AFC機能とNET機能は，状況に応じて，運用中に有効・無効を切り替えて使いましょう．

「MMTTY」で「RTTY」を運用する際の操作は，次の手順で行います．

① メインウィンドウ（図6-3）のFFT・XYスコープ表示エリア（図6-16）に表示されているRTTYのFFT受信波形を見ながら，無線機のVFOで受信同調操作を行う．マーク信号カーソルとスペース信号カーソルが，波形の左右の山の頂点に重なるように（図6-16で示した状態），無線機で同調操作を行う．同調操作が正常な場合，メインウィンドウの送受信文字表示エリアに受信した文字が表示される．

② AFSKでのRTTY運用時は，「AFC」機能を有効にすることにより，ある程度VFOで同調操作を行うと，「MMTTY」が自動的に正確な周波数に同調する．また，「NET」機能を有効にすると，自動的に送信周波数と受信周波数が一致する．FFTスペクトラム表示の波形の山（またはFFTウォータフォール表示）をクリックすることにより，マウス・クリックによる同調操作も可能．

③ FSKでのRTTY運用時に「AFC」機能を有効にする場合は，「MMTTY設定画面」ウィンドウの「AFC/ATT/PLL」タブ（図6-5）で，「AFC」項目の「Shift」を必ず「FSK」に設定する．また，FSK運用における「AFC」機能はシフト幅の自動調整のみとなる．

④ 受信した局と交信する場合，まず相手局のコールサインをメインウィンドウの交信ログ入力エリアに取り込む．送受信文字表示エリアに表示された相手局のコールサインの上をクリックすると，自動的にコールサインとして「MMTTY」が判別し，交信ログ入力エリアの「Call」項目に入力される（図6-17）．

⑤ 図6-3のコントロールボタン・エリアの

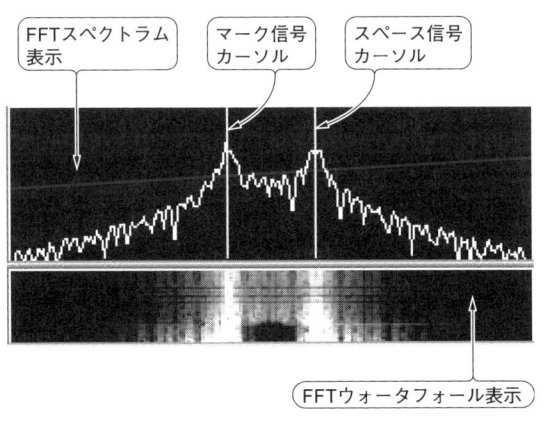

図6-16　メインウィンドウのFFT・XYスコープ表示エリア

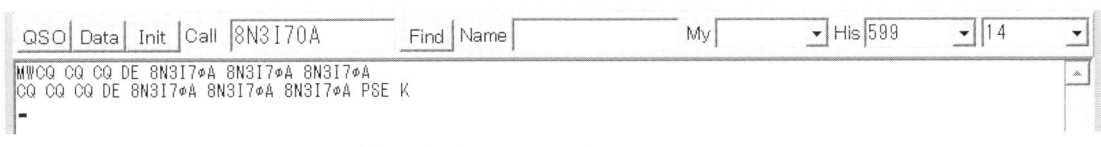

図6-17　コールサインをクリックすると交信ログ入力エリアに取り込まれる

「TX」ボタンをクリックすると，無線機が送信状態になる．

⑥ **図 6-3** の送信文字入力・表示エリアに文字を入力すると，順次無線機から文字が相手局に送信される．相手局に送信された文字は黒色から赤色に表示が変化する．なお，未送信の文字はキーボードの「バックスペース」キーで消すことができるが，すでに送信済みの文字を「バックスペース」で消すことはできない[※16]．

⑦ **図 6-3** のコントロールボタン・エリアの「TX」ボタンをクリックすると，無線機が受信状態になる．なお，「TX」ボタンをクリックして受信状態にした場合は，送信文字入力・表示エリアに入力された文字がすべて送信されてから，受信状態に切り替わる．「TXOFF」ボタンで受信状態にした場合は，即時に送信を中止するが，次に送信状態に切り替えたときには，送信文字入力・表示エリアの未送信の文字から送信を開始する．送信文字入力・表示エリアの内容は，**図 6-3** の送信関連操作エリアの「Clear」ボタンでクリアすることができる．

⑧ 相手局から応答があったら，**図 6-3** の交信ログ入力エリアの「QSO」ボタンをクリックする．「MMTTY」の交信ログに同じコールサインの局との交信データがあった場合は，「Name」項目などにデータが複写される．相手局が送って来た文字列をクリックすると，コールサインと同様に，交信ログ入力エリアの「Name」や「My」（相手局が送ってきた RST レポート）項目に取り込むことができる

⑨ 交信が終了したら，**図 6-3** の交信ログ入力エリアの「QSO」ボタンをもう一度クリックすると，交信データが「MMTTY」の交信ログに記録される．

※16　RTTY で間違った文字を送信した場合，間違った文字の直後に XX や // を送ります．例えば，「SHIRAHARA」と送る途中で「SHIRAHE」と送ってしまった場合は，「SHIRAHEXX ARA」と送るか，「SHIRAHEXX SHIRAHARA」と送ります．電信の訂正符号と同様と考えればよいでしょう．

● 「MMTTY」のマクロ（定型文）の設定と使用

「MMTTY」には，マクロ（定型文）機能が搭

表 6-2　「MMTTY」の主なマクロ・コマンド

コマンド	内容
¥	先頭に記述した場合は TxWindow 経由で送信，末尾に記述した場合は受信に切り替える
#	先頭に記述した場合は TxWindow に全文をコピーする．末尾に記述した場合は繰り返し動作になる
_（アンダーバー）	マーク信号を送信する
~（チルダ）	AFSK キャリアを停止する
[	Diddle を禁止する
]	Diddle を許可する
%m	自局のコールサイン
%c	相手局のコールサイン
%r	相手局の RST
%n	相手局の氏名
%q	相手局の QTH
%s	自局の RST
%R	相手局 RST の RST 部分のみ
%N	相手局 RST のコンテスト・ナンバー部分のみ
%M	自局 RST のコンテスト・ナンバー部分のみ
%g	GOOD MORNING/AFTERNOON/EVENING
%f	GM/GA/GE
%L	LTR コードの強制送信
%F	FIG コードの強制送信
%D	UTC による日付（2010-SEP-05 形式）
%T	UTC による時刻（HH：MM 形式）
%t	UTC による時刻（HHMM 形式．

Chapter 06　文字を使って交信するデジタルモード「RTTY」の運用

載されています．「MMTTY」の主なマクロ・コマンドを**表6-2**に示します．

メインウィンドウ（**図6-3**）のマクロ・ボタン・エリア（**図6-18**）の「マクロ・ボタン群」は，マクロを登録したボタンが表示されています．マクロの実行は，該当のマクロが登録されているボタンをクリックすることで行います．マクロの登録は，マクロを登録するボタンを右クリックすることで表示される「マクロ作成・編集」ウィンドウ（**図6-19**）で行います．

送信関連操作エリアの操作方法については**図6-20**と**表6-3**をご覧ください．

図6-18　メインウィンドウのマクロ・ボタン・エリア

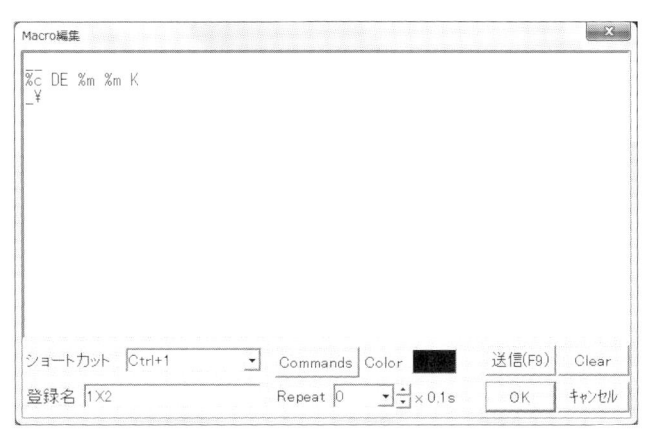

図6-19　「マクロ作成・編集」ウィンドウ

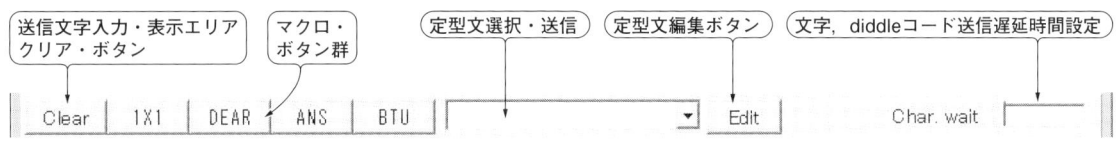

図6-20　メインウィンドウの送信関連操作エリア

表6-3　メインウィンドウの送信関連操作エリアの操作方法

項　目	説　明
送信文字入力・表示エリアクリア・ボタン	このボタンをクリックすると送信文字入力・表示エリアの内容がクリアされる
マクロ・ボタン群	マクロ（定型文）を登録したボタン群．マクロの実行は該当のマクロが登録されているボタンをクリックすることで行う．マクロの登録は，マクロを登録するボタンを右クリックすることで表示される「マクロ作成・編集」ウィンドウで行う．頻繁に使うマクロをここに登録すると便利
定型文選択・送信	マクロ（定型文）を選択・送信する
定型文編集ボタン	このボタンをクリックすると定型メッセージの編集ウィンドウが表示され，マクロ（定型文）の作成・編集を行うことが可能
文字，diddleコード送信遅延時間設定	文字およびdiddleコード（無打鍵時に送出されるコード）を送出するときの遅延時間をスライドバーで設定する．遅延時間は左で最小，右で最大．なお，項目名の上をクリックすると，遅延時間を設定する条件（「Char.wait」で文字だけ，「Diddle wait」でdiddleコードだけ，「Both wait」で文字とdiddleコードの両方，「Disable wait」で遅延時間なし）を選択することが可能

6-5 「RTTY」における交信例

少し昔の「RTTY」の交信は，長めの交信が多かったのですが，近年は簡潔なコンテスト・スタイルの交信が多いようです．図 6-21 に「RTTY」のラバースタンプ QSO の例を，図 6-22 に「RTTY」のショート QSO の例をそれぞれ示します．

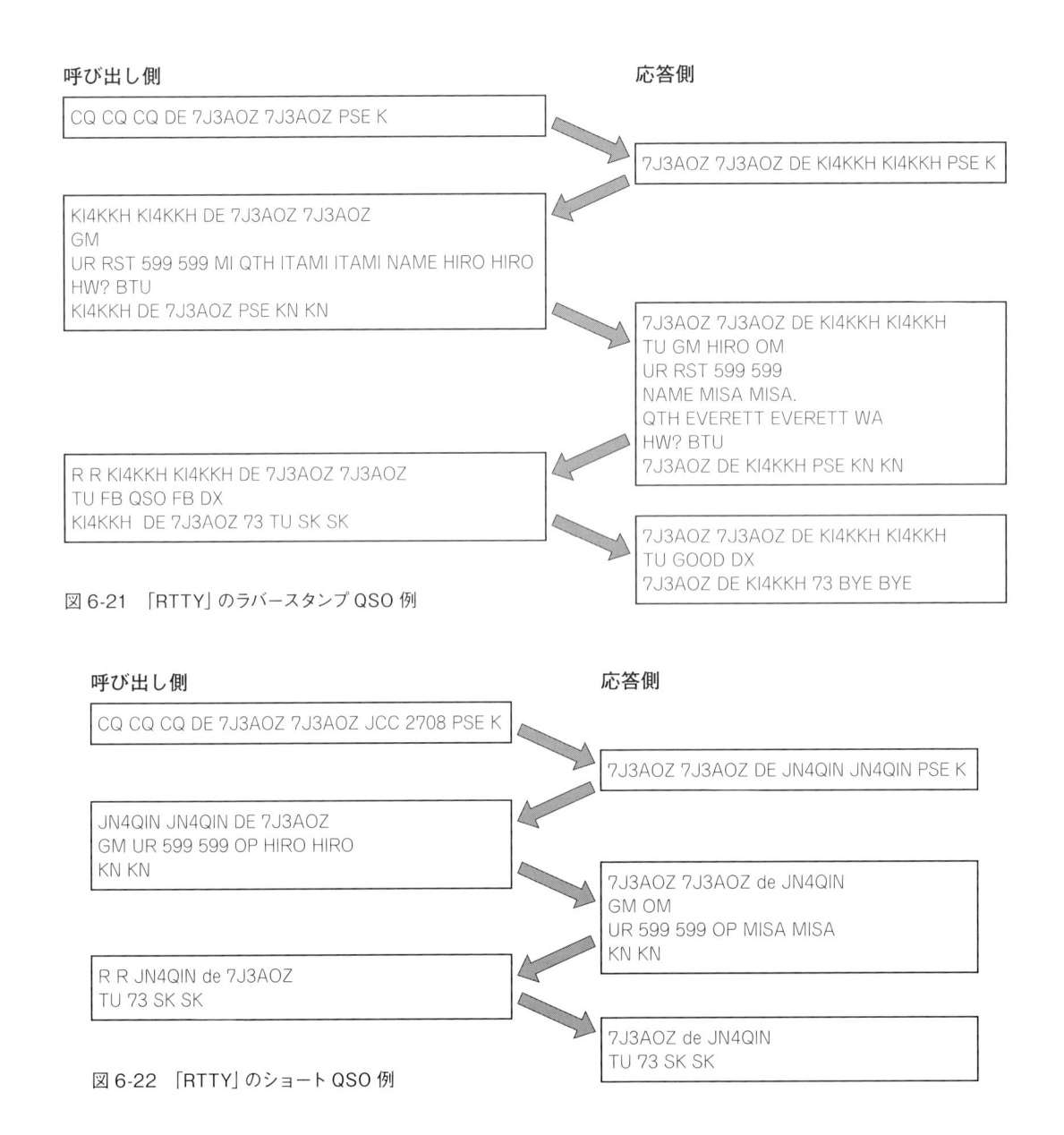

呼び出し側

```
CQ CQ CQ DE 7J3AOZ 7J3AOZ PSE K
```

応答側

```
7J3AOZ 7J3AOZ DE KI4KKH KI4KKH PSE K
```

```
KI4KKH KI4KKH DE 7J3AOZ 7J3AOZ
GM
UR RST 599 599 MI QTH ITAMI ITAMI NAME HIRO HIRO
HW? BTU
KI4KKH DE 7J3AOZ PSE KN KN
```

```
7J3AOZ 7J3AOZ DE KI4KKH KI4KKH
TU GM HIRO OM
UR RST 599 599
NAME MISA MISA.
QTH EVERETT EVERETT WA
HW? BTU
7J3AOZ DE KI4KKH PSE KN KN
```

```
R R KI4KKH KI4KKH DE 7J3AOZ 7J3AOZ
TU FB QSO FB DX
KI4KKH  DE 7J3AOZ 73 TU SK SK
```

```
7J3AOZ 7J3AOZ DE KI4KKH KI4KKH
TU GOOD DX
7J3AOZ DE KI4KKH 73 BYE BYE
```

図 6-21 「RTTY」のラバースタンプ QSO 例

呼び出し側

```
CQ CQ CQ DE 7J3AOZ 7J3AOZ JCC 2708 PSE K
```

応答側

```
7J3AOZ 7J3AOZ DE JN4QIN JN4QIN PSE K
```

```
JN4QIN JN4QIN DE 7J3AOZ
GM UR 599 599 OP HIRO HIRO
KN KN
```

```
7J3AOZ 7J3AOZ de JN4QIN
GM OM
UR 599 599 OP MISA MISA
KN KN
```

```
R R JN4QIN de 7J3AOZ
TU 73 SK SK
```

```
7J3AOZ de JN4QIN
TU 73 SK SK
```

図 6-22 「RTTY」のショート QSO 例

Chapter 06　文字を使って交信するデジタルモード「RTTY」の運用

表6-4 「RTTY」で使用可能な文字

Letters (LTRS)	Figures (FIGS)	Letters (LTRS)	Figures (FIGS)	Letters (LTRS)	Figures (FIGS)	Letters (LTRS)	Figures (FIGS)
A	−	I	8	Q	1	Y	6
B	?	J	'	R	4	Z	"
C	:	K	(	S	BELL	Blank	
D	$	L	)	T	5	Space	
E	3	M	.	U	7	CR	
F	!	N	,	V	;	LF	
G	&	O	9	W	2		
H	#	P	0	X	/		

　なお，「RTTY」は英大文字と一部の記号しか使えません．**表6-4**に「RTTY」で使用可能な文字を示します[※17]．

※17　「RTTY」の符号はデータ部の長さが5ビットのため，一つの符号に2種類の文字が割り当てられており，「Letters（LTRS）」と「Figures（FIGS）」符号で切り替えるようになっています．例えば，「7J3AOZ」と送出する場合は，「FIGS」「7」「LTRS」「J」「FIGS」「3」「LTRS」「A」「O」「Z」のように符号が送出されます．

6-6　「RTTY」の「FSK」と「AFSK」の違いについて

　FSK（Frequency Shift Keying）は搬送波の周波数を直接シフトさせるのに対して，AFSKは低周波信号をシフトさせ，それを搬送波に乗せる形式です．SSBのヘテロダインをLSBにし，AF入力に2125/2295 Hzの信号を入れるとAFSKでのRTTYになります．無線機のFSK（RTTY）入力をON/OFFして170 HzシフトのRF信号を作るとFSKでのRTTYとなります（**図6-23**）．電波型式としては，同じ「F1B」になります．

　FSK形式での運用は，無線機のFSK回路をコンピュータなどでキーイングする必要があります．無線機にFSK回路がない場合（RTTYやFSKモードがない場合）には，FSKでの運用はできません．

　AFSK形式での運用では，コンピュータなどで生成されたRTTYの信号を音声として，マイク入力やアクセサリ端子などから無線機に入力します．無線機のモードはLSBを使用します．AFSK形式はSSB（LSB）が送受信できる無線機であれば，どんな無線機でも運用が可能です．

　一般的にはFSK形式でRTTYを運用するこ

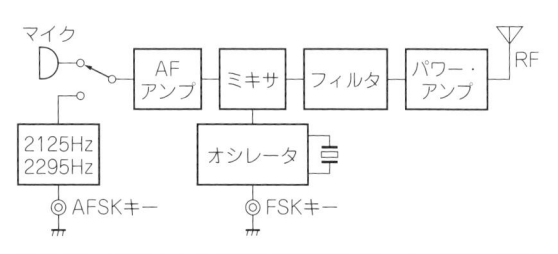

図6-23　FSKおよびAFSK送信機のブロック・ダイヤグラム 「MMTTY実践運用マニュアル」図4-1を引用

とが推奨されていますが，比較的簡単に運用できるため，AFSK形式での運用者も増加しているようです．筆者もAFSKでRTTYを運用する機会が多いのですが，ほとんどの相手局のオペレーターからFSK形式と遜色のない信号であるとレポートをいただいています．

「PSK31」や「SSTV」を運用されている方は，同じインタフェースで，AFSKでの「RTTY」の運用が簡単にできるので，ぜひ「RTTY」の運用にも挑戦してみてください．

6-7　USB接続インターフェースにおけるFSK

「MMTTY」からのFSKによるRTTYキーイングは，PCのCOMポートを使い，データ長が5ビット，ボーレートが45.45 bpsのシリアル通信として行われています．PC内蔵のCOMポートを使用する場合には問題はないのですが，USB接続のCOMポートでは，低速なボーレート（1200 bps以下）や7ないし8ビット以外のデータ長をサポートしなくなっているものがあり，FSKによるRTTYのキーイングは単純にはできなくなっています．

このような場合，「MMTTY」のサポート・ソフトウェアである「EXTFSK.DLL」を使うことで，FSKでのRTTYキーイングが可能になります[※18]．

「EXTFSK.DLL」は，作者（JE3HHT　森さん）のWebサイト（「DownLoad EXTFSK sample」リンク）[※2]からダウンロードすることができます．ダウンロードした「extfsk＊＊＊.zip」（＊＊＊はバージョン番号）を解凍したフォルダに含まれる「Extfsk.dll」を，「MMTTY」がインストールされているフォルダにコピーしてください．

「EXTFSK.DLL」を使用する場合の「MMTTY」の設定は，次の手順で行います．

① 「MMTTY」を起動し，メニューの［オプション］→［MMTTY設定画面］を選択する．
② 「MMTTY設定画面」ウィンドウが表示されるので，送信タブを選択する（図6-6）．
③ 「PTT & FSK」項目の「Port」で「EXTFSK」を選択する．
④ 「OK」ボタンをクリックし，「MMTTY設定画面」ウィンドウを閉じる．
⑤ MMTTY設定画面が閉じるのと同時に，自動的に「EXTFSK」設定ウィンドウ（図6-24）が表示される．
⑥ 「EXTFSK」設定ウィンドウで下記の設定を行う．

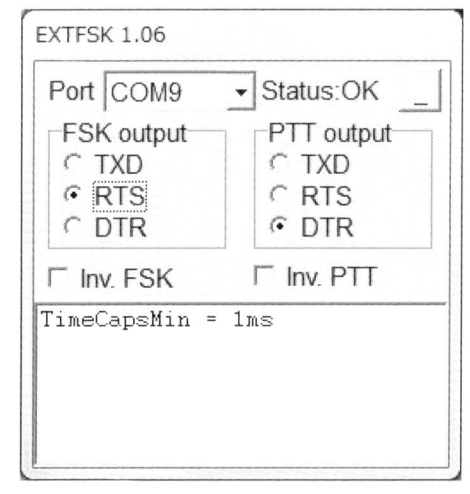

図6-24　「EXTFSK」設定ウィンドウ

Chapter 06　文字を使って交信するデジタルモード「RTTY」の運用

- 「Port」項目では，USB 接続のインターフェースが割り当てられている COM ポートを選択する．正しい COM ポートが選択されていない場合は「Status NG」と表示される．
- 「FSK output」項目では，FSK 出力を行う COM ポートの信号端子を指定する．「EXTFSK」は COM ポートのハードウェアでに FSK 信号を生成するのではなく，ソフトウェアで FSK 信号を生成し，シリアルポートの信号端子から出力する．そのため，RTS や DTR などの制御用信号端子の出力を使用しても，FSK によるキーイングが可能となる．
- 「PTT output」項目では，PTT 制御を行う COM ポートの信号端子を指定する．
- 「Inv.FSK」，「Inv.PTT」項目を有効にすると，FSK 出力と PTT 出力の極性が反転する．

以上で「EXTFSK.DLL」のインストールと設定は終了です．無線機とインターフェースの接続が正しければ，FSK による RTTY のキーイングが行えます．

※18　現行バージョンの「MMTTY」では，拡張子が「.FSK」のファイルも「EXTFSK.DLL」と同様のサポート・プログラムとして認識されるようになっています．市販の USB 接続インターフェースでは，インタフェース独自の「EXTFSK.DLL」同等のサポート・プログラムが用意されていることがあるので，使用するインタフェースの取扱説明書などで確認してください．

6-8　RTTY の運用に挑戦してみてください

「RTTY」の運用に必要な設定および実際の運用について説明しました．「RTTY」はたくさんの局が運用している楽しいデジタルモードです．ぜひ，みなさんも「RTTY」の運用に挑戦してみてください．

なお，「RTTY」の運用には，局免許の変更申請が必要です．局免許の変更申請の方法は，「CQ hamradio」2008 年 4 月号の特集「ハムの実践オペレーション」の「今日から始めるデジタル通信」（p.66 ～）や，各種の書籍，インターネット上の情報などを参考にしてください．

〈7J3AOZ　白原 浩志　しらはら ひろし〉

Chapter 07

小規模な設備でも遠距離交信が楽しめる 「PSK31」の運用

7-1 PSK31 とは

「PSK31[1]」は，RTTY（Radio Teletype）に文字訂正機能を加えたAMTOR（Amateur Teleprinting Over Radio）の開発者として知られる，英国のG3PLX Peter Martinezさんが1998年に発表した，パーソナル・コンピュータ（以下，PC）を使った文字によるリアルタイムQSOを目的とした通信モードです[2].

「PSK31」は，変調方式にPSK（フェイズ・シフト・キーイング，位相偏移変調）を使用し，占有帯域が非常に狭い（31.25 Hz）ことが特徴です．また，比較的弱い信号でも復調することが可能なため，小電力・小設備の局が多い欧州を中心に世界中で運用されている，人気が高いデジタルモードです[3].

さらに，アルファベットの大文字・記号しか使えない「RTTY」と違い，0～255までの文字コードを送受信できるため，対応しているソフトウェアを使えば日本語などのマルチバイト文字を使った通信が可能です[4].

この項では，JE3HHT 森さんが製作・配布しているPSK/RTTYソフトウェア「MMVARI[5]」を使用し，ソフトウェアの設定や「PSK31」の運用方法などを説明します．なお，デジタルモードの運用に必要なインターフェースの接続・設定に関しては「Chapter 05 PCと無線機を接続する デジタルモード用インターフェース」をご覧ください．

※1　http://aintel.bi.ehu.es/psk31.html
※2　現在は，使用する帯域を広くして速度を向上させた「PSK64」や「PSK125」，伝送速度を遅くして文字の欠落や誤りを減らすことを目的とした「PSK05」や「PSK10」，4位相を使用することで文字の誤り訂正を行う「QPSK31」など，PSKのさまざまなバリエーションが登場しています．なお，「PSK31」の符号（ハフマン符号）である「VARICODE」は，2013年2月に，国際電気通信連合（International Telecommunication Union）・無線通信部門（ITU-R）の勧告（「ITU-R M.2034」）として採択されました．アマチュア無線発の技術がITUに採択されるのは，アマチュア無線家としては大変うれしいことですよね．
※3　筆者は，サイクル23のピーク時に，マンションの3階ベランダに設置した短縮ダイポールと50 W出力で，21 MHz帯において欧州を中心に100エンティティーほどの海外局との交信ができています．また，日本ではPSKを運用している局が少ないせいか，CQを出すと海外局からのパイルアップになるケースが多いようです．
※4　日本では7 MHz帯を中心に，日本語によるPSK31での交信が盛んに行われています．ただし，英字を使用した場合に比べると，日本語での交信は信号強度が低い

場合の文字の欠落や誤りが多くなります．これは，2バイトを連続して正確に受信しないと，正しい漢字を表示できないからです．なお，「MMVARI」では，日本語を含む2バイト文字のデコード率の向上のために考えられた「VARICODE-JA」を使用することができます．ただし，「VARICODE-JA」は，通常の「VARICODE」とは互換性がないのでご注意ください．

※5 http://www33.ocn.ne.jp/~je3hht/mmvari/

7-2 「MMVARI」のインストールと起動

「MMVARI」は，作者のWebサイト（**図7-1**）からダウンロードができます．なお，自己解凍方式のファイル（「mmvari＊＊＊.exe」，＊＊＊はバージョン番号）をダウンロードすると，インストールが簡単に行えます．

ダウンロードした「mmvari＊＊＊.exe」を実行すると，自己解凍プログラムが起動します．Windowsの「セキュリティの警告」が表示された場合は「実行」ボタンをクリックして，処理を続行してください．

自己解凍プログラムのウィンドウ（**図7-2**）で，「Folder name」項目に解凍先のフォルダ名を入力するか，「Preferance」ボタンをクリックして解凍先のフォルダを選択します．フォルダの選択終了後「OK」ボタンをクリックすると，「MMVARI」が設定したフォルダに解凍（インストール）されます[※6]．

解凍先フォルダの「MMVARI.EXE」をダブル・クリックすると「MMVARI」が起動します．「MMVARI.EXE」のショートカットをWindowsのデスクトップに作っておくと便利でしょう．

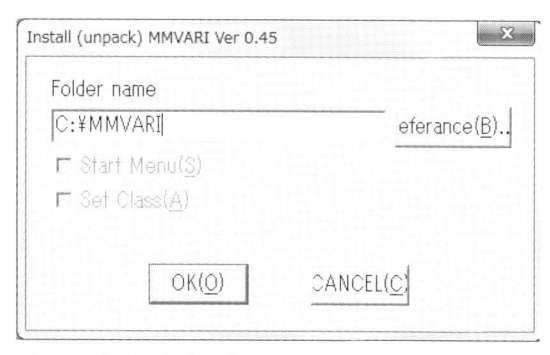

図7-2 自己解凍プログラムのウィンドウ

図7-1
「MMVARI」のWebサイト
http://www33.ocn.ne.jp/~je3hht/mmvari/

※6 「Windows Vista」以降のOSを使用する場合は，UAC（ユーザー・アカウント制御）の影響で，「C:¥Program Files」配下のフォルダに解凍すると「MMVARI」が正常に動作しない可能性があります．このため，「C:¥MMVARI」などのフォルダを指定してインストールすることをお勧めします．

7-3 「MMVARI」のメインウィンドウの説明と基本設定

● 「MMVARI」のメインウィンドウ

「MMVARI」のメインウィンドウを**図7-3**に，説明を**表7-1**に示します．

● 「MMVARI」の基本的な設定

「MMVARI」の初回起動時には，自局のコールサインを入力するウィンドウ（**図7-4**）が表示されます．ここで，自局のコールサインを入力してください※7．

「MMVARI」の基本的な設定は，次の手順で行います．

① メニューの「オプション」→「MMVARI設定画面」を選択し，「MMVARI設定画面」ウィンドウを表示する．

② 「送信」タブを選択する（**図7-5**）．

③ 「PTT」項目で，PTT制御に割り当てられているシリアルポート（以下，COMポート）の番号を選択する．また「占有使用する」チェック・ボックスを有効にする※8．PTTに無線機のVOX機能を使う場合は，「PTT」項目は「NONE」を選択する．

④ 「その他」タブを選択する（**図7-6**）．

⑤ 「サウンドカード」項目の「In」項目で無線機

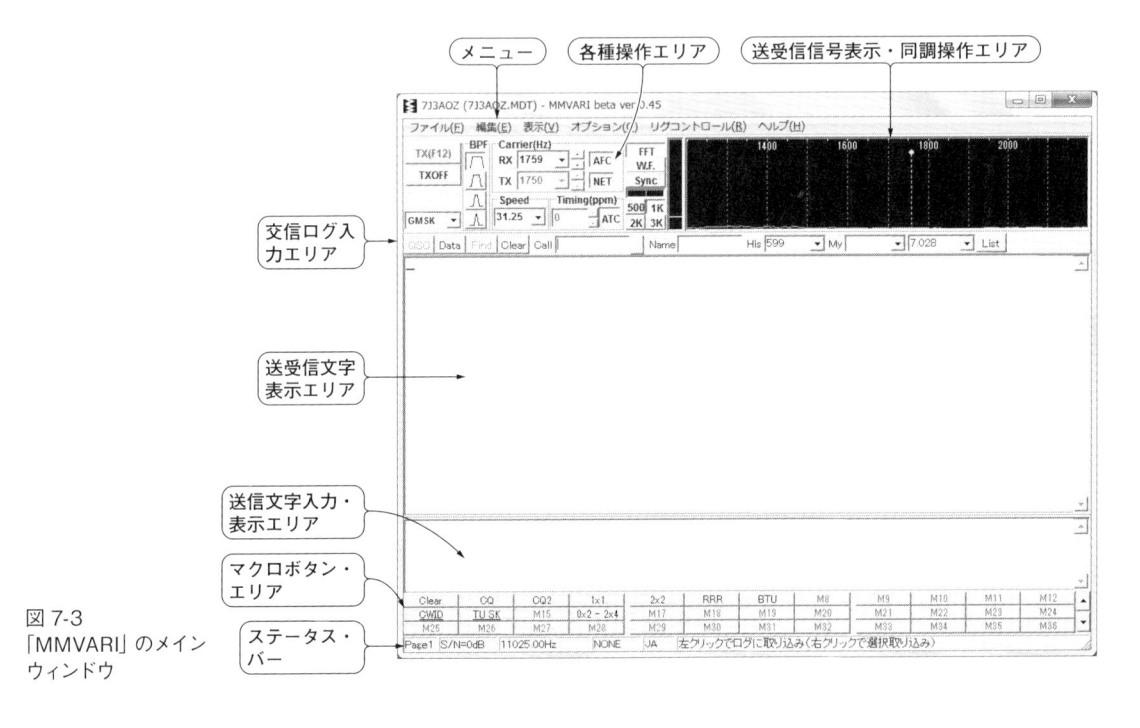

図7-3 「MMVARI」のメインウィンドウ

Chapter 07 小規模な設備でも遠距離交信が楽しめる「PSK31」の運用

からの音声入力に使用するサウンド機能を,「Out」項目で無線機への音声出力に使用するサウンド機能をそれぞれ選択する※9.

⑥「MMVARI 設定画面」ウィンドウを「OK」ボタンをクリックして閉じる.

※7 自局のコールサインは,メニューの「オプション」から「MMVARI 設定画面」で変更することができます.
※8 一つの COM ポートで,無線機の PTT 制御と,無線機からのコマンドによる周波数取り込み機能を同時に使用する場合は,「占有使用」チェック・ボックスを無効にします.
※9 「Default」を選択すると,Windows の「サウンド」コントロールパネルで「既定のデバイス」になっているサウンド機能を選択したことになります.使用する PC に搭載されているサウンド機能が一つだけの場合は,「Default」に設定してください.

表 7-1 「MMVARI」のメイン・ウィンドウの説明

項目	説明
メニュー	ソフトウェアの各種機能を選択,実行する
各種操作エリア	ソフトウェアの各種操作を行う
交信ログ入力エリア	交信ログの入力操作を行う
送受信信号表示・同調操作エリア	送受信信号の表示(FFT 高速フーリエ変換,ウォーターフォール,タイミング・振幅表示)を行う.また,受信信号の同調操作をこのエリア上で行う.さらに,ノッチ・フィルタの設定,サブチャネルの設定なども行う
送受信文字表示エリア	受信した文字が黒色,送信した文字が赤色で表示される
送信文字入力・表示エリア	このエリアに送信する文字を入力する.また,マクロやテキスト・ファイルから送信した文字も,このエリアに自動的に入力されたうえで送信される
マクロボタン・エリア	送信マクロを登録したボタンが表示される
ステータスバー	ステータスや操作ヘルプが表示される.また,送信文字入力・表示エリアの切り替えを行う

● 入出力音声レベルの調節

「PSK31」の運用を行うためには,アマチュア無線機から PC に入力される音声のレベルと,

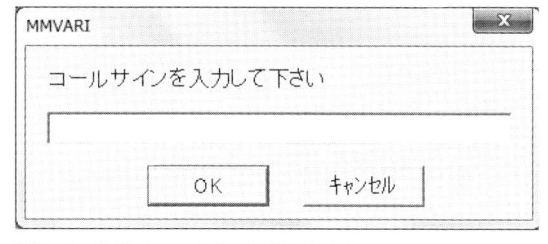

図 7-4 自局のコールサインを入力する

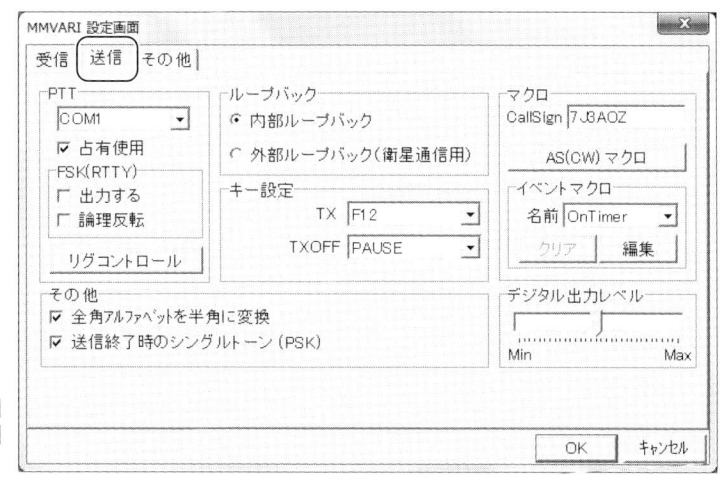

図 7-5 「MMVARI 設定画面」ウィンドウの「送信」タブ

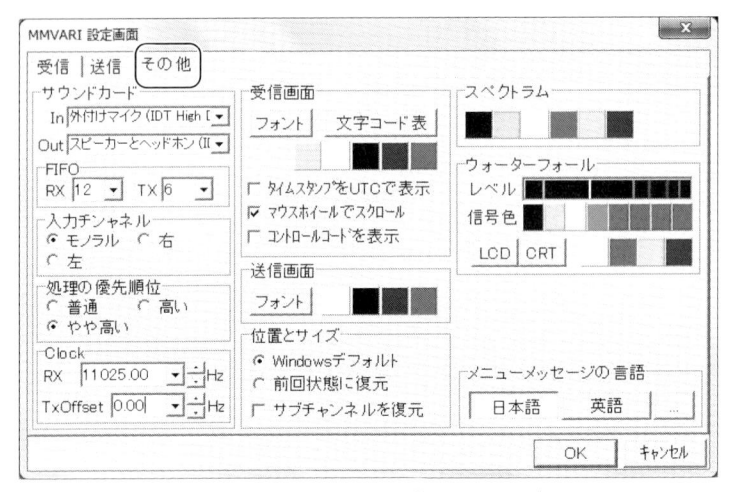

図 7-6 「MMVARI 設定画面」ウィンドウの「その他」タブ

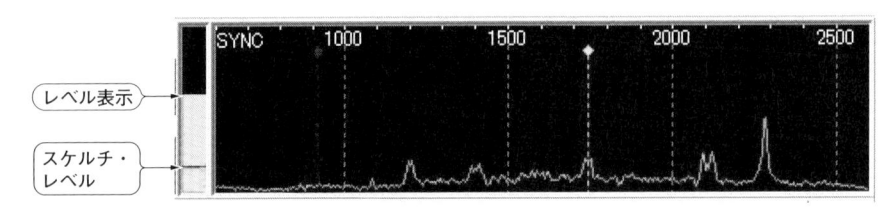

図 7-7 表示されている波形の中心をクリックする

PCからアマチュア無線機に出力される音声のレベルを調節する必要があります．無線機にデジタルモード用インターフェース（以下，インターフェース）を接続し，次の手順で調節を行ってください[10]．

- **入力音声レベルの調節**

① 無線機のモードをSSBに設定し[11]，PSK31が運用されている周波数を受信する．7.029/10.141/14.070/21.070 MHz付近の周波数がよく使われている[12]．

② 受信した周波数でPSK31モードの運用が行われていれば，メインウィンドウ（**図7-3**）の送受信信号表示・同調操作エリアの送受信信号表示に波形が表示される．**図7-7**にFFT表示における表示を示す．

③ メニューの「オプション」→「入力ボリューム」を選択すると，Windowsの「サウンド」コントロールパネルの「録音」タブが表示される（**図7-8**）．

④ 「MMVARI」で使用するサウンド機能を選択し，「プロパティ」ボタンをクリックすると，選択したサウンド機能の「プロパティ」ウインドウが表示される．

⑤ 「プロパティ」ウィンドウの「レベル」タブ（**図7-9**）を選択し，音量調節スライダで，一番強力な信号の波形が適当な大きさになるように受信音量を調整する．

⑥ 送受信信号表示・同調操作エリアのレベル表示（**図7-7**）の上をクリックすると，スケルチ・レベルを示す白い横線がクリックした位置に動

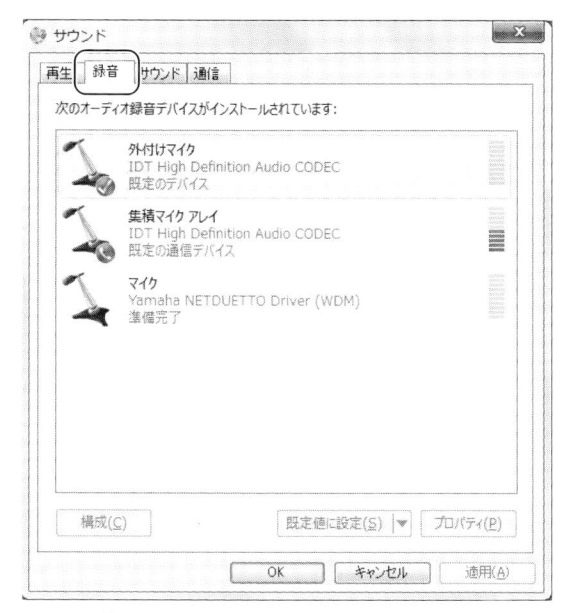

Chapter 07　小規模な設備でも遠距離交信が楽しめる「PSK31」の運用

図7-8　「サウンド」コントロールパネルの「録音」タブ

図7-9　「プロパティ」ウィンドウの「レベル」タブ

　く．スケルチ・レベル以下の信号は「MMVARI」から無視されるので，ノイズの状況などに合わせてスケルチを適当なレベルに設定する．

⑦「プロパティ」ウィンドウと「サウンド」コントロールパネルを閉じる．

・出力音声レベルの調整

① 無用な電波を送信しないために，無線機にダミーロードを接続する．

② 無線機のモードをSSBに，マイク・コンプレッサ（スピーチ・プロセッサ）をオフに，メータ表示はALCレベルにする．

③ メニューの「オプション」→「出力ボリューム」を選択すると，Windowsの「音量ミキサー」ウィンドウが表示される．

④「音量ミキサー」ウィンドウの「デバイス」項目のドロップダウン・リスト（図7-10）で，「MMVARI」で使用するサウンド機能を選択する．

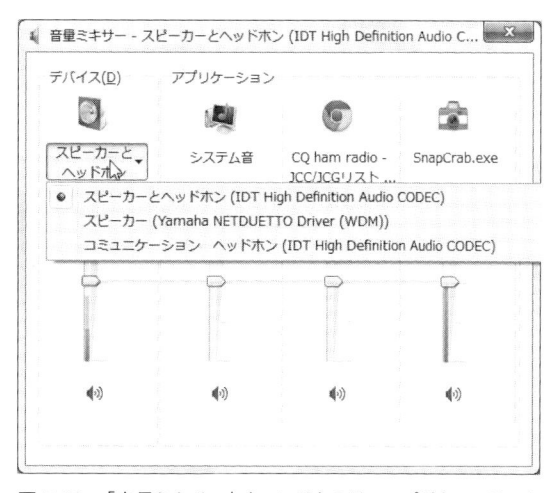

図7-10　「音量ミキサー」ウィンドウのドロップダウン・リスト

⑤ メインウィンドウ（図7-3）の各種操作エリアの「TX（F12）」ボタンをクリックする．インターフェースの接続が正常（もしくは無線機のVOXの設定が正常）であれば無線機が送信状態になる．

⑥「音量ミキサー」ウィンドウの「デバイス」項

写真7-1 「PSK31」送信中の無線機のALCメータ

目の音量調節スライダで，無線機のALCメータが「振れるか振れないか」という程度に送信音量を調整する[13]（**写真7-1**）.

⑦ 調整が終了したら，**図7-3**の各種操作エリアの「TXOFF」ボタンをし．無線機を受信状態にする．

⑧ 「音量ミキサー」ウィンドウを閉じる．

以上で，入出力音声レベルの調節は終了です．なお，送受信音量ともに，「PSK31」の運用中は適時調節するようにしてください．

[10] Windowsの機能を使用せず，インターフェースの音声調節ボリュームで音声入出力レベルを調節するタイプのインターフェースもあります．市販のインターフェースについては，それぞれの取扱説明書をご覧ください．

[11] アマチュア無線機によってはDIGモードやSSB-Dモードの場合もあるので，無線機の取扱説明書をご覧ください．なお，PSK31には極性がないので，SSBのヘテロダインはUSB，LSBのどちらでもかまいません．ただし，慣例的にLSBが使われていることが多いようです．

[12] 日本のバンドプランでは「狭帯域デジタル」の区分になります．アマチュアバンドによっては，日本と海外ではPSK31が運用できるバンドプランが異なっていることがあるので，注意してください．

[13] PSK31には振幅成分があるため，ALCメータが勢いよく振っている状態では，実際に発射されている電波はオーバードライブ状態になっています．PSK31を受信していると「広帯域に子供をたくさん引き連れた汚い波形」をみかけますが，これは「見かけ上」パワーが出ていないと勘違いした局によるものです．とても狭い帯域にたくさんの局が出ているモードなので，オーバードライブにならないように十分注意して運用してください．

● 「MMVARI」の校正

PCのサウンド機能は，使っているLSIや個体差により，送受信のサンプリング周波数（サンプリング・クロック，以下クロック）にずれを生じている場合があります．

クロックのずれが大きい場合には，自局の送信周波数と受信周波数が一致しなくなるため，相手局がずれた周波数で呼んできます．このとき，AFCが有効だと，自局の受信時に自動的に相手局の周波数に合わせてしまいます．これを繰り返すことにより，お互いにバンド内で追いかけっこをしながら交信することになってしまいます．

また，クロックのずれが大きいと「PSK31」受信時の信号解読（デコード）率が悪化します[14].

「MMVARI」では，この「ずれ」を解消するために送受信クロックを校正する機能があります．この機能を使って，運用を行う前に校正作業を行ってください[15].

受信クロックの校正の手順は，次のとおりです．

① 最初に受信クロックの校正を行う．無線機のモードををAMにし，5.0/10.0/15.0/20.0 MHzのいずれかの周波数でBPM（中国の標準周波数報時放送）を受信する[16].

② メニューの［オプション］から［サウンドカードの較正］を選択し，「サウンドカードの較正」ウィンドウを表示する（**図7-11**）.

③ 「サウンドカードの較正」ウィンドウ内に，BPMの1秒単位のティック音に合わせて，上から下に向かって徐々に縦の帯線が表示される．帯線の表示が表示部の下端に達するまで数分間待つ（**図7-12**）.

④ 縦の帯線の下端をクリックすると，黄色のガイドラインが「サウンドカードの較正」ウィン

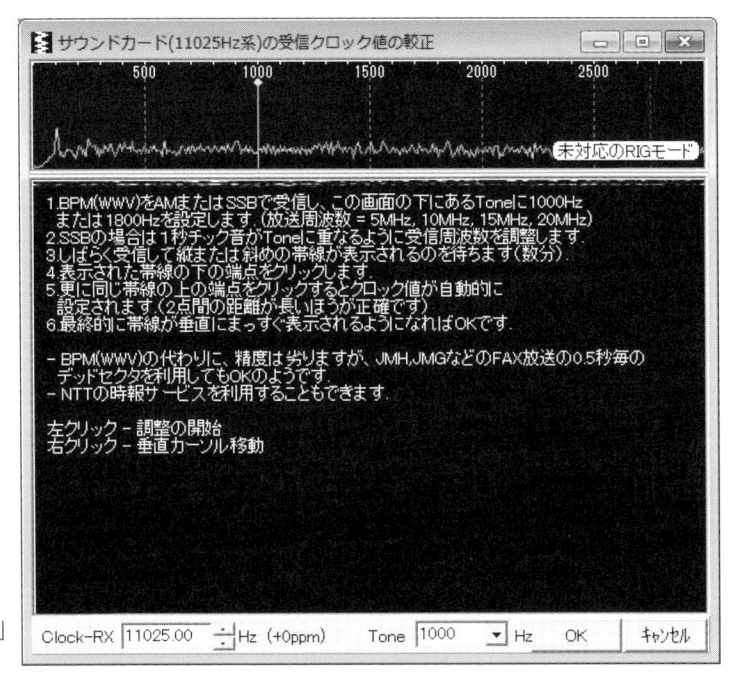

Chapter 07　小規模な設備でも遠距離交信が楽しめる「PSK31」の運用

図 7-11
「サウンドカードの較正」
ウィンドウ

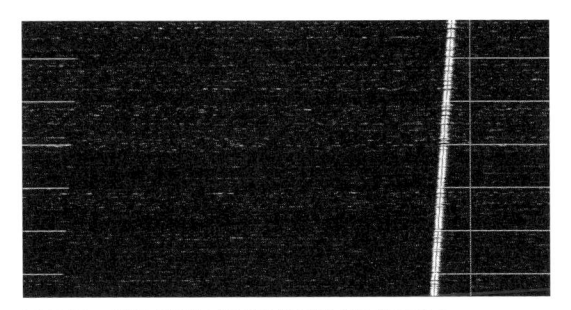

図 7-12　帯線が表示部の下端に達するまで待つ

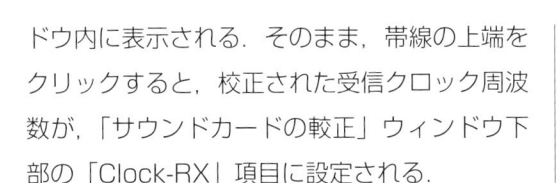

図 7-13　帯線が垂直に表示されれば校正終了

ドウ内に表示される．そのまま，帯線の上端を
クリックすると，校正された受信クロック周波
数が，「サウンドカードの較正」ウィンドウ下
部の「Clock-RX」項目に設定される．

⑤ BPMの受信を継続し，帯線の表示がもう一度
表示部の下端に達するまで数分間待つ．帯線が
垂直に表示されれば受信クロックの校正は終了
（**図 7-13**）．帯線の表示がまだ傾いている場合
は，③～⑤の手順を繰り返す．

⑥ 「サウンドカードの較正」ウィンドウを「OK」
ボタンをクリックして閉じる．
⑦ 「MMVARI」を終了し，再度起動する．
　送信クロックの校正の手順は次のとおりです．
① サウンド機能の音声入力と出力を，オーディ
オ・ケーブルなどで接続する（**写真 7-2**）．
② メニューの「オプション」→「MMVARI 設定
画面」を選択し，「MMVARI 設定画面」ウィ
ンドウを表示する．

③ 「送信」タブ（**図 7-5**）を選択し，「ループバック」項目を「外部ループバック（衛星通信用）」に設定する[※17].

④ 「MMVARI 設定画面」ウィンドウを「OK」ボタンをクリックして閉じる.

⑤ メインウィンドウ（**図 7-3**）の各種操作エリアで，下記の項目の設定を行う.

- 「変調形式」項目で，「bpsk」を選択.
- 「Carrier」項目で，「AFC」ボタンをクリックして有効状態にする（ボタンが凹で有効）.
- 「Carrier」項目で，「NET」ボタンをクリックして無効状態にする（ボタンが凸で無効）.
- 「Speed」項目で，「31.25」を選択する.
- 「Timing」項目で，「ATC」ボタンをクリックして有効状態にする（ボタンが凹で有効）.

⑥ **図 7-3** の送受信信号表示・同調操作エリアで，次の項目の設定を行う.

- 「表示切替」ボタンで，「FFT」ボタンをクリックして，送受信信号表示をFFT（高速フーリエ変換）波形表示にする（ボタンが凹で選択）.
- 「表示帯域切替」ボタンで，「500」ボタンをクリックして，表示帯域を500Hzにする（ボタンが凹で選択）.

⑦ **図 7-3** の各種操作エリアの「TX」ボタンをクリックし，「MMVARI」を送信状態にする.

⑧ **図 7-3** の送受信信号表示・同調操作エリアの送受信信号表示に表示されている「PSK31」の受信波形上で同調操作を行う．受信波形の中央部分をクリックすると（**図 7-14**），「MMVARI」の「AFC」機能により自動的に最適な同調が行われる.

⑨ **図 7-3** の各種操作エリアの「Timing（ppm）」項目の値の値が変化する．値の変化が落ち着く（変化量が少なくなる）のをしばらく待つ.

⑩ 「Timing（ppm）」項目の値の変化が落ち着いたら，「Timing（ppm）」項目の値が表示されているフィールドの上にマウス・ポインタを動かすと，**図 7-3** のステータス・バーに「RXOffset」の値が表示されるので，メモを取っておく（**図 7-15**）.

⑪ **図 7-3** の各種操作エリアの「TXOFF」ボタンをクリックし，「MMVARI」を受信状態にする.

⑫ メニューの「オプション」→「MMVARI 設定画面」を選び，MMVARI 設定画面を表示する.

⑬ その他タブを選択する（**図 7-6**）.

⑭ 「Clock」項目の「TxOffset」の値から，⑩で記録した「RxOffset」の値をマイナスした値を，

写真 7-2　音声入力と出力をケーブルなどで接続する

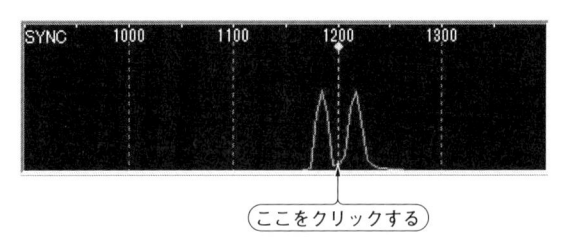

図 7-14　送受信信号表示に表示されている波形の中心をクリックする

Chapter 07 小規模な設備でも遠距離交信が楽しめる「PSK31」の運用

「TxOffset」に設定する．たとえば「RxOffset」が0.08で「TxOffset」が0の場合は，設定する値は−0.08となる．

⑮ ③で「外部ループバック（衛星通信用）」に設定した「ループバック」項目を，「内部ループバック」に設定する．

以上で，送受信クロックの校正は終了です．

※14　要するに文字化けが多くなるということです．
※15　最近のPCのサウンド機能では，サンプリング・クロックのずれはほとんどないようです．しかし，「MMVARI」を初めて使うPCでは，必ず一度は校正作業を行い，クロックずれの有無を確認することをお勧めします．
※16　電波伝搬の状況によってBPMが受信できる周波数は変わります．校正作業を行う時点で，一番良好に受信できる周波数で受信してください．
※17　通常の運用では「内部ループバック」を使用します．

●「PSK31」を運用する場合の設定

「MMVARI」で「PSK31」を運用する場合の設定は，次の手順で行います．

① メインウィンドウ（**図7-3**）の各種操作エリアで次の設定を行う．

- 「変調形式」項目で，「bpsk」（標準VARI-CODEのPSK）を選択する．
- 「Speed」項目で，「31.25」（PSK31の伝送速度）を選択する．
- 「Carrier」項目で，「AFC」ボタンと「NET」ボタンを設定する．「AFC」ボタンをクリックして，AFC（自動周波数調整）機能を有効（ボタンが凹で有効）にすると，同調操作時にFFT波形やウォータフォールのだいたいの位置をクリックすると，「MMVARI」が自動的に最適な同調を行う．「NET」ボタンをクリックして，NET（送受信周波数同期）機能を有効（ボタンが凹で有効）にすると，常に自局の送信周波数と受信周波数が同じになる[18]．
- 「Timing」項目で，ATC（Automatic Timing Control）機能をを有効（ボタンが凹んでいる状態）に設定する．

② **図7-3**の送受信信号表示・同調操作エリアで下記の設定を行う．

- 「表示切替」ボタン（「FFT」，「W.F.」，「Sync」ボタンが並んでいる部分）で，送受信信号表示を設定する．「FFT」ボタンをクリックするとFFT（高速フーリエ変換）表示（**図7-16**），「W.F.」ボタンをクリックするとウォーターフォール表示（**図7-17**），「Sync」ボタンをクリックするとタイミング・振幅表示（**図7-18**）に送受信信号表示が切り替わる[19]．
- 「表示帯域切替」ボタン（「500」，「1K」，「2K」，「3K」のボタンが並んでいる部分）で，送受信信号表示の表示帯域を設定する[20]．

以上で，「MMVARI」で「PSK31」を運用するための設定は終了です．

※18　AFC機能とNET機能を同時に有効にしている場合は，相手局のサウンドデバイスのクロックずれがあると，AFC機能によって相手局のずれた送信周波数に同

図7-15　ステータス・バーに「RXOffset」の値が表示される

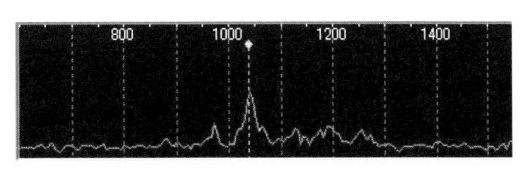

図7-16　FFT（高速フーリエ変換）表示

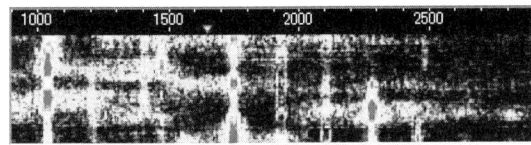

図7-17 ウォーターフォール表示

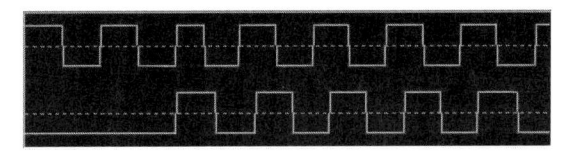

図7-18 タイミング・振幅表示

調してしまい，さらに自局の送信周波数もずれてしまうため，相手局とバンド内を追いかけっこしてしまうことになります．AFC機能とNET機能は，状況に応じて，運用中に有効・無効を切り替えて使いましょう．

※19 通常の運用中は，FFT表示かウォータフォール表示を使用します．

※20 筆者は表示帯域を1kHzか2kHzに設定しています．表示帯域を広くすると，信号波形の横幅が狭く表示されます．自分にとって同調操作がしやすい（見やすい）設定にするとよいでしょう．

7-4 「MMVARI」の操作

●「PSK31」を運用する場合の操作

「MMVARI」で「PSK31」を運用する際の操作は，下記の手順で行います．

① メインウィンドウ（**図7-3**）の送受信信号表示・同調操作エリアの送受信信号表示に表示されている「PSK31」のFFT受信波形（もしくはウォータフォール表示）をクリックして，受信同調操作を行う（**図7-19**，**図7-20**）．AFC機能が有効な場合は，受信波形の中心部分（もしくはウォータフィールの赤みがかった部分）をクリックすると自動的に最適な同調が行われる[21]．

② 送受信信号表示の上で右クリックすると，送受信関係の操作を行うポップアップ・メニューが表示される．ポップアップ・メニューの説明を**表7-2**に示す．

③ 相手局の信号に同調すると，メインウィンドウの送受信文字表示エリアに，受信した文字が表示される．送受信文字表示エリアに表示された相手局のコールサインの上をクリックすると，自動的にコールサインとして「MMVARI」が識別し，交信ログ入力エリアの「Call」項目に入力される（**図7-21**）．

④ **図7-3**の各種操作エリアの「TX（F12）」をクリックすると，無線機が送信状態になる．「MMVARI」が送信状態になると「TX（F12）」ボタンの表示が「RX（F12）」に変わる．

⑤ **図7-3**の送信文字入力・表示エリアに文字を入力すると，無線機から入力した文字が「PSK31」の信号として送信される．相手局に送信された文字は，表示色が黒から青に変化する．なお，「PSK31」は相手局に送信済みの文字であっても，キーボードの「バックスペース」キーで訂正することができる[22]．

⑥ **図7-3**の送信文字入力・表示エリアで右クリックすると，いくつかの標準的な送信文を入力するポップアップ・メニューが表示される．ポップアップ・メニューの説明を**表7-3**に示す．

⑦ 各種操作エリアの「RX（F12）」ボタンか「TXOFF」ボタンをクリックすると，無線機が受信状態になる．この場合は，送信文字入力・表示エリアに入力された文字がすべて送信され

Chapter 07 小規模な設備でも遠距離交信が楽しめる「PSK31」の運用

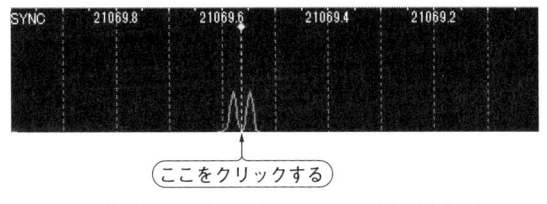

図 7-19 送受信信号表示が FFT 波形表示の場合の同調操作

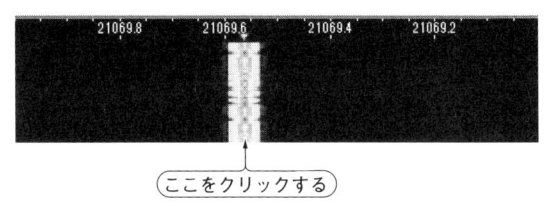

図 7-20 送受信信号表示がウォータフォール表示の場合の同調操作

表 7-2 送受信関係操作ポップアップ・メニューの説明

項　目	説　明
ここで AS（CW）を送信	右クリックした位置の周波数で，モールス符号の AS を送信する
ここにノッチ・フィルタを設定	右クリックした位置の周波数にソフトウェアによるノッチ・フィルタを設定する．フィルタの設定は複数可能．設定位置には「N」マークが表示される．受信している周波数の近くに強力な信号が現れたときなどの混信除去に役立つ．なお，個々のノッチ・フィルタの削除は「N」マークの上で右クリックすると表示されるポップアップ・メニューで行える
すべてのノッチ・フィルタを削除	すべてのノッチ・フィルタを解除するときに使用する．ノッチ・フィルタが一つも設定されていない場合は，この項目は表示されない
ここに送信周波数を設定	右クリックした位置の周波数に送信周波数を設定する．この設定を行うと「NET」機能は自動的に解除される．スプリット運用を行う場合に使用する
ここに受信周波数を設定	右クリックした位置の周波数に受信周波数を設定する．この設定を行うと「NET」機能は自動的に解除される．スプリット運用を行う場合に使用する
ここにサブチャンネルを設定	右クリックした位置の周波数をサブチャネル・ウィンドウで受信する．サブチャネルは最大四つ開くことができる

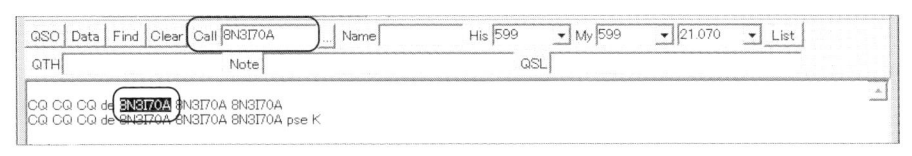

図 7-21 コールサインをクリックすると交信ログ入力エリアに取り込まれる

てから受信状態に切り替わる．「TXOFF」ボタンで受信状態にした場合は，ただちに送信が中断されるが，次回の送信時には，送信文字入力・表示エリアの未送信の（表示色が青に変化していない部分）から送信が開始される．なお，送信文字入力・表示エリアの内容は，メニューの［表示］→［送信画面のクリア］でクリアすることができる．

⑧ 相手局から応答があったら，図 7-3 の交信ログ入力エリアの「QSO」ボタンをクリックし，ボタンが凹んだ状態にする．「MMVARI」の交信ログに同じコールサインの局との過去の交信データがあった場合は，「Name」項目や「QTH」項目にデータが複写される．

表7-3 送信文入力操作ポップアップ・メニューの説明

メニュー	内容
<%HisCall>	交信ログ入力エリアの「Call」項目に入力された相手局コールサイン
<%HisName>	交信ログ入力エリアの「Name」項目に入力された相手局コールサイン
<%DearName>	交信ログ入力エリアの「Name」項目に入力された相手局オペレーターの名前．先頭にDear（もしくは「さん」）が付く
<%HisRST>	交信ログ入力エリアの「His」項目に入力された相手局に送るRSTレポート
<%MyCall>	設定した自局のコールサイン
<%HisCall> de <%MyCall>	交信ログ入力エリアの「Call」項目に入力された相手局コールサインと，設定した自局のコールサイン．例えば，8N3I70A de 7J3AOZ のように入力される
<%CR>CUL,TU SK...<%CR><%RX>	改行 CUL，TU SK... 改行と入力され，この文の送信後に「MMVARI」が受信状態に切り替わる

⑨ 受信した文字列をクリックすると，コールサインと同様に，交信ログ入力エリアの各項目に取り込める．また「MMVARI」が特定の項目のデータとして判別できなかった場合は，取り込む項目を指定するポップアップメニューが表示されるので選択する（**図 7-22**）．

⑩ 交信終了後，交信ログ入力エリアの「QSO」ボタンをもう一度クリックすると，交信データが「MMVARI」の交信ログに記録される．

※21 「PSK31」では，無線機のVFOダイヤルで個々の局との同調操作を行うことはありません．

※22 ただし，相手局に「バックスペース」を示す文字コードが受信されなかった場合は訂正されません．

● 「MMVARI」のマクロ（定型文）の設定と使用

「MMVARI」には，プログラミング言語とも言える高機能なマクロ（定型文）機能が搭載されています．このマクロ機能を使いこなすと，交信中のさまざまな処理を自動化することができます．本書では，「MMVARI」のマクロ機能の詳細については触れませんが，筆者が使っている定型文

図7-22 ポップアップ・メニューで取り込む項目を指定する

（**表 7-4**）と定型文中で使っているマクロ・コマンド（**表 7-5**）を紹介します．

メインウィンドウ（**図 7-3**）のマクロ・ボタン・エリアの操作方法については**図 7-23**と**表 7-6**をご覧ください．

Chapter 07　小規模な設備でも遠距離交信が楽しめる「PSK31」の運用

表 7-4　定型文（マクロ）の例

種類	マクロ文
CQ1回	<%ClearTXW><%TX>CQ CQ CQ de <%MyCall> <%MyCall> pse k <%RX>
CQ3回	<%ClearTXW><%TX>CQ CQ CQ de <%MyCall> <%MyCall> CQ CQ CQ de <%MyCall> <%MyCall> CQ CQ CQ de <%MyCall> <%MyCall> pse k <%RX>
自動繰り返しCQ	CQ CQ CQ de <%MyCall> <%MyCall> CQ CQ CQ de <%MyCall> <%MyCall> CQ CQ CQ de <%MyCall> <%MyCall> pse K <%RepeatTX=10000><%ClearTXW>
CQへの応答	<%ClearTXW><%TX><%HisCall> <%HisCall> de <%MyCall> <%MyCall> tnx fer ur call. ur rst <%HisRST> <%HisRST> <%HisRST> my qth is Itami Itami Itami-city Hyogo Japan my name is hiro hiro hiro hw? btu <%HisCall> de <%MyCall> pse kn kn kn... <%RX>
相手局呼び出し	<%TX><%HisCall> <%HisCall> de <%MyCall> <%MyCall> pse k <%RX>
呼び出したときの応答	<%ClearTXW><%TX><%HisCall> <%HisCall> de <%MyCall> <%MyCall> tnx fer comingback my call. ur rst <%HisRST> <%HisRST> <%HisRST> my qth is Itami Itami Itami-city Hyogo Japan my name is hiro hiro hiro hw? btu <%HisCall> de <%MyCall> pse kn kn kn... <%RX>
ファイナル	<%ClearTXW><%TX>R R R <%HisCall> <%HisCall> de <%MyCall> <%MyCall> #if IsName tnx fb qso dear <%HisName> #else tnx fb qso dear OM #endif I hope see you again soon. FB DX! <%HisCall> de <%MyCall> #if IsName SAYONARA <%HisName>-san 73 73 #else SAYONARA 73 73 #endif tu sk sk sk.... <%RX>

図 7-23 メインウィンドウのマクロ・ボタン・エリア

表 7-5 定型文例で使用しているマクロ・コマンド

マクロ・コマンド	内容
<%ClearTXW>	送信文字入力・表示エリアをクリアする
<%TX>	送信状態にする
<%RX>	受信状態にする
<%MyCall>	設定されている自局のコールサイン
<%HisCall>	交信ログ入力エリアの「Call」項目に入力された相手局コールサイン
<%HisRST>	交信ログ入力エリアの「His」項目に入力された相手局に送るRSTレポート
<%HisName>	交信ログ入力エリアの「Name」項目に入力された相手局コールサイン
<%RepeatTX=?????>	繰り返し送信（?????はミリ秒単位の時間）.
#if IsName #else #endif	条件分岐文 交信ログ入力エリアの「Name」項目に入力があれば，「Name」項目の内容を，なければ「dear OM」と送信する

表 7-6 マクロ・ボタン・エリアの操作方法

項目	説明
マクロ・ボタン群	「MMVARI for Windows」の操作を自動化するマクロを登録したボタン群が表示される． マクロを実行するには，該当のマクロが登録されているボタンをクリックする．マクロを登録するには，マクロを登録したいボタンの上で右クリックするとマクロを作成・編集するウィンドウが表示される．
マクロ・ボタン群ページ切り替え	12個×3列で1ページのマクロ・ボタン群を切り替える．ページ数は4ページあり，マクロ・ボタンは全部で144個あり

7-5 「PSK31」における交信例

「PSK31」はすべてのASCIIコードが使えるため，（特に近年は）簡潔な交信が多いRTTYに比べ，コンテストやDXペディション時などを除き比較的長い文章のやり取りを行うケースが多いようです．図7-24に「PSK31」のラバースタンプQSOの例を，図7-25に「PSK31」のショートQSOの例を，図7-26に「PSK31」の日本語QSOの例を，それぞれ示します．

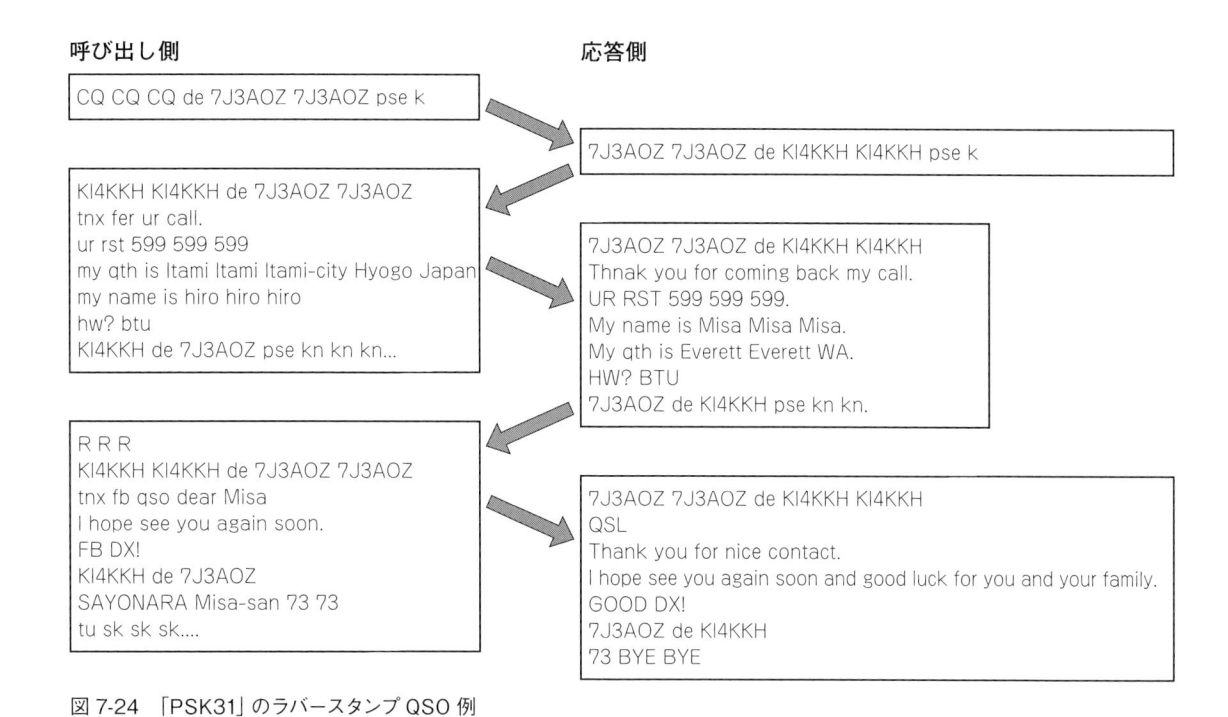

Chapter 07　小規模な設備でも遠距離交信が楽しめる「PSK31」の運用

呼び出し側

```
CQ CQ CQ de 7J3AOZ 7J3AOZ pse k
```

応答側

```
7J3AOZ 7J3AOZ de KI4KKH KI4KKH pse k
```

```
KI4KKH KI4KKH de 7J3AOZ 7J3AOZ
tnx fer ur call.
ur rst 599 599 599
my qth is Itami Itami Itami-city Hyogo Japan
my name is hiro hiro hiro
hw? btu
KI4KKH de 7J3AOZ pse kn kn kn...
```

```
7J3AOZ 7J3AOZ de KI4KKH KI4KKH
Thnak you for coming back my call.
UR RST 599 599 599.
My name is Misa Misa Misa.
My qth is Everett Everett WA.
HW? BTU
7J3AOZ de KI4KKH pse kn kn.
```

```
R R R
KI4KKH KI4KKH de 7J3AOZ 7J3AOZ
tnx fb qso dear Misa
I hope see you again soon.
FB DX!
KI4KKH de 7J3AOZ
SAYONARA Misa-san 73 73
tu sk sk sk....
```

```
7J3AOZ 7J3AOZ de KI4KKH KI4KKH
QSL
Thank you for nice contact.
I hope see you again soon and good luck for you and your family.
GOOD DX!
7J3AOZ de KI4KKH
73 BYE BYE
```

図 7-24　「PSK31」のラバースタンプ QSO 例

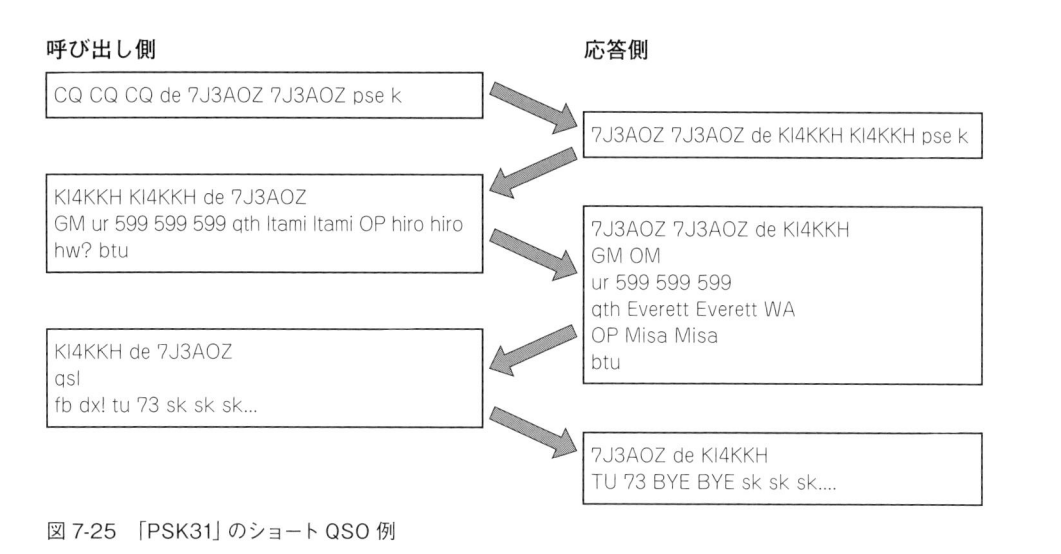

呼び出し側

```
CQ CQ CQ de 7J3AOZ 7J3AOZ pse k
```

応答側

```
7J3AOZ 7J3AOZ de KI4KKH KI4KKH pse k
```

```
KI4KKH KI4KKH de 7J3AOZ
GM ur 599 599 599 qth Itami Itami OP hiro hiro
hw? btu
```

```
7J3AOZ 7J3AOZ de KI4KKH
GM OM
ur 599 599 599
qth Everett Everett WA
OP Misa Misa
btu
```

```
KI4KKH de 7J3AOZ
qsl
fb dx! tu 73 sk sk sk...
```

```
7J3AOZ de KI4KKH
TU 73 BYE BYE sk sk sk....
```

図 7-25　「PSK31」のショート QSO 例

　交信例に示すように「PSK31」の交信では英小文字を多用します．これは，「PSK31」のVARICODE は，英小文字のほうが高速に伝送できるように定義されていることによります[23]．

　また，日本語を使って交信する場合でも，自局と相手局のコールサイン（ID）の送出には，全角文字ではなく半角文字を使うようにしましょう．全角文字を使って ID を送出すると，日本語

呼び出し側	応答側
CQ CQ CQ de 7J3AOZ 7J3AOZ pse k	7J3AOZ 7J3AOZ de JN4QIN JN4QIN pse k
JN4QIN JN4QIN de 7J3AOZ 7J3AOZ おはようございます．コールありがとうございます． レポートは599 599 599をお送りします． こちらのQTHは兵庫県伊丹市 兵庫県伊丹市です． 私の名前は白原 白原と申します． お返しします． JN4QIN de 7J3AOZ pse kn kn kn…	7J3AOZ 7J3AOZ de JN4QIN JN4QIN 白原さん，おはようございます． こちらからレポートは599 599 599をお送りします． 私の名前は村上 村上と言います． こちらのQTHは広島県福山市 福山市，JCC3508 3508です． 初めてのQSOになると思います． 今後ともどうぞよろしくお願いします． お返しします． 7J3AOZ de JN4QIN pse kn kn.
JN4QIN de 7J3AOZ 了解しました． 初めてになるようですね．こちらこそどうぞよろしく お願いします． 本日はFBなファーストQSOをありがとうございました． もしQSLカードを交換されているようでしたら，ぜひ JARLビューロー経由でご交換をお願いします． またお会いしましょう． JN4QIN de 7J3AOZ 73 tu sk sk sk….	7J3AOZ de JN4QIN 了解致しました． QSLカードはJARLビューロー経由でお送り致しますので， どうぞよろしくお願い致します． 本日はFBなQSOをありがとうございました． またお相手くださいませ． 7J3AOZ de JN4QIN 73 BYE BYE sk sk sk…

図7-26 「PSK31」の日本語によるQSO例

フォントが使えない海外の局は，文字化けでどこの誰が交信しているのかが，わからなくなってしまいます．特に短波帯では，海外局がワッチしている可能性があるので，注意してください．

※23 「PSK31」は比較的伝送速度が遅いモードなので，できるだけ英小文字を使い，実質的な伝送速度を早くしようということです．

7-6 「PSK31」に挑戦してみましょう

「PSK31」の運用に必要な設定，および実際の運用について説明しました．「PSK31」は少ない出力で遠距離との交信ができる楽しいモードです．ぜひ，みなさんも「PSK31」の運用に挑戦してみてください．

なお，「PSK31」の運用には，局免許の変更申請が必要です．局免許の変更申請の方法は，「CQ hamradio」2008年4月号の特集「ハムの実践オペレーション」の「今日から始めるデジタル通信」（p.66〜）や，各種の書籍，インターネット上の情報などを参考にしてください．

〈7J3AOZ　白原 浩志　しらはら ひろし〉

Index

■ 数字・アルファベット ■

AFSK	123
CPM	59
DCS	92
DTMF	98
DX ウィンドウ	18
FSK	123
F 層反射	11
IBP ビーコン	16
IRC	40
JARL 管理サーバ	73
K 値	17
O.Q.R.S.	41
QSL マネージャー	38
Q 符号	57
RST レポート	57
SFI	17
WPM	59

■ カ 行 ■

グレーライン …… 12

磁気嵐 …… 15

■ サ 行 ■

ショートパス	12
スキャッタ	13
スプリット運用	30
スポラディック E 層	13

■ タ 行 ■

デリンジャー現象	15
トーンスケルチ	94

■ ナ 行 ■

ノード局 …… 88

■ ラ 行 ■

ラバースタンプ QSO	31, 63, 122, 140
略符号	57
ルーム	91
ロングパス	12

著者プロフィール

中西 剛（なかにし つよし）**JJ2NYT**
プロフィール：小学生のころに祖父にもらった短波ラジオがきっかけで短波帯通信に興味を持ち，BCL を経て，1985 年開局．以来，HF 帯を中心にハムライフを楽しんでいます．海外運用の経験も多数あり．第一級総合無線通信士．

藤田 孝司（ふじた たかし）**JR1UTI**
所 属：古河アマチュア無線クラブ，彩の国 D-STAR HAM CLUB
プロフィール：1971 年茨城県古河市で開局．第一級アマチュア無線技士．現在はアパマン・ハムのため手軽に遠距離 QSO が可能な D-STAR 運用にハマってしまい，ほかのバンド・モードは細々と運用している状態です．

平岡 守（ひらおか まもる）**JI2SSP**
所 属：ジャパンアワードハンターズグループ　中濃ハムクラブ　岐阜ワイヤーズハムクラブ
プロフィール：1983 年開局，7 MHz を中心に運用．パケット通信以降にデジタル通信にも興味があり，WIRES の運用を 2010 年から開始．WIRES の非常通信への使用を提案し，現在 JARL 岐阜県支部非常通信委員会で VoIP 無線での非常通信を構築しています．

白原 浩志（しらはら ひろし）**7J3AOZ，KI4KKI**
所 属：JH3YKV（池田市民アマチュア無線クラブ），プログラマーズ・ワークショップ代表
プロフィール：オールバンド / オールモードに出没中．デジタルモードは，電話や電信モードとは異なる楽しさがあるモードです．最近は大きく敷居が下がったので，ぜひ運用に挑戦してみてください．

- **本書記載の社名，製品名について** ── 本書に記載されている社名および製品名は，一般に開発メーカの登録商標です．なお，本文中では™，®，©の各表示を明記していません．
- **本書掲載記事の利用についてのご注意** ── 本書掲載記事は著作権法により保護され，また産業財産権が確立されている場合があります．したがって，記事として掲載された技術情報をもとに製品化をするには，著作権者および産業財産権者の許可が必要です．また，掲載された技術情報を利用することにより発生した損害などに関して，CQ出版社および著作権者ならびに産業財産権者は責任を負いかねますのでご了承ください．
- **本書に関するご質問について** ── 文章，数式などの記述上の不明点についてのご質問は，必ず往復はがきか返信用封筒を同封した封書でお願いいたします．ご質問は著者に回送し直接回答していただきますので，多少時間がかかります．また，本書の記載範囲を越えるご質問には応じられませんので，ご了承ください．
- **本書の複製等について** ── 本書のコピー，スキャン，デジタル化等の無断複製は著作権法上での例外を除き禁じられています．本書を代行業者等の第三者に依頼してスキャンやデジタル化することは，たとえ個人や家庭内の利用でも認められておりません．

R〈日本複製権センター委託出版物〉
本書の全部または一部を無断で複写複製（コピー）することは，著作権法上での例外を除き，禁じられています．本書からの複製を希望される場合は，日本複製権センター（TEL：03-3401-2382）にご連絡ください．

アマチュア無線運用ガイド

2013年5月1日　初版発行　　　　　　　　　　　　　　　　　　　© CQ出版株式会社　2013
　　　　　　　　　　　　　　　　　　　　　　　　　　　　　　　（無断転載を禁じます）

CQ ham radio編集部　編
発行人　小澤　拓治
発行所　CQ出版株式会社
〒170-8461　東京都豊島区巣鴨 1-14-2
電話　編集　03-5395-2149
　　　販売　03-5395-2141
　　　振替　00100-7-10665

乱丁，落丁本はお取り替えします
定価はカバーに表示してあります

ISBN978-4-7898-1595-6
Printed in Japan

編集担当者　沖田　康紀
本文デザイン　（株）コイグラフィー
DTP　（有）新生社
印刷・製本　三晃印刷（株）